"十四五"时期国家重点出版物出版专项规划项目

材料研究与应用丛书

应变测量理论与技术

Strain Test Theory and Technique

林俊峰 编著

哈尔滨工业大学出版社
HARBIN INSTITUTE OF TECHNOLOGY PRESS

内 容 简 介

材料成型及控制工程是先进制造学科的重要组成部分,先进的分析方法与技术是开展先进材料成形必不可少的手段,是提高材料成形质量的重要保障,应变分析技术是基于这一发展需求而发展的。本书是作者多年科研实践及教学经验的总结,是国内材料科学与工程领域首部论述光学应变测量理论与应用的学术著作。

本书可供高等院校材料成型类、模具设计类、材料工程类、机械制造类高年级本科生和研究生学习使用,也可作为材料、先进制造领域科研人员和工程技术人员的参考书。

图书在版编目(CIP)数据

应变测量理论与技术/林俊峰编著. —哈尔滨:哈尔滨工业大学出版社,2025.4. —(材料研究与应用丛书). —ISBN 978-7-5767-1682-5

Ⅰ.TB93

中国国家版本馆 CIP 数据核字 2024WQ3949 号

策划编辑	许雅莹
责任编辑	陈 洁 左仕琦
封面设计	刘 乐
出版发行	哈尔滨工业大学出版社
社　　址	哈尔滨市南岗区复华四道街10号 邮编150006
传　　真	0451-86414749
网　　址	http://hitpress.hit.edu.cn
印　　刷	哈尔滨博奇印刷有限公司
开　　本	787 mm×1 092 mm 1/16 印张 9 字数 192 千字
版　　次	2025年4月第1版 2025年4月第1次印刷
书　　号	ISBN 978-7-5767-1682-5
定　　价	38.00元

(如因印装质量问题影响阅读,我社负责调换)

前　言

随着国民经济和工业技术的发展,对大型、复杂、精密零部件的需求越来越多,对材料成形过程中应变的分析要求更加趋于精确,应变分析是材料成形质量和可靠性的重要保障。基于 DIC(digital image correlation,数字图像相关)技术的光学应变测量方法正是基于这一发展需求而出现的,它对材料成形的全过程进行分析测量,得出各个方向上的应变分布细节,可以对材料的变形情况进行细致的分析,反映出零件的变形场和变形程度,为研究材料成形机理和成形缺陷的形成机制提供理论基础。

本书是根据哈尔滨工业大学本科生创新研修课"网格应变分析技术与应用"(2009 年开始授课)、哈尔滨工业大学材料成型及控制工程专业的选修课"塑性成形应变测量方法"(2015 年开始授课)的讲义修订整理而成,经过近 15 年的教学实践,并结合科研项目研究过程中的经验和心得,不断补充完善而成。遵循着科技发展脉络,从过去到现在,将基于 DIC 技术的光学应变测量方法的发展、应用,以及理论基础系统地呈现出来。

全书共 6 章,第 1 章为应变基础理论,第 2 章为传统的应变测量方法,第 3 章为光学应变测量原理,第 4 章为光学应变测量的应用,第 5 章为体积成形的应变测量方法,第 6 章为应变测量系统。并且在附录中介绍了变径管内高压成形的应变分析。书中部分彩图以二维码的形式随文编排,如有需要可扫码阅读。

本书旨在引导读者熟练掌握光学应变分析技术,培养和提高读者运用数字化图像技术获得成形零件的几何信息来对变形情况进行细致分析的能力,拓宽材料成型及控制工程专业读者的知识结构,帮助读者掌握应用应变分析技术解决工程实际问题的能力。

本书由林俊峰撰写,书中的应变测量实例得到了研究生冯苏乐、徐照、刘燕、张晋锋、姜超超、王莹等的协助。

感谢德国 GOM(道姆光学)科技有限公司、美国 ASAME 科技有限公司提供的相关资料。

由于作者水平有限,书中疏漏之处在所难免,欢迎广大读者批评指正。

作　者

2024 年 8 月

目 录

第1章 应变基础理论 ·· 1
    1.1 应变的定义和分类 ·· 1
    1.2 应变状态分析 ·· 4
    1.3 应变分量和应变张量 ·· 6
    1.4 等效应变和最大剪应变 ·· 8
    1.5 应变摩尔圆和罗德应变参数 ··· 9
    1.6 应变速率与应变速率张量 ·· 10
    1.7 主应变图与体积不变条件 ·· 12
    1.8 应变几何方程和连续方程 ·· 16
    1.9 应力应变关系及物理方程 ·· 21

第2章 传统的应变测量方法 ··· 26
    2.1 应变电测法的测量原理 ·· 26
    2.2 应变片的布置及选择 ·· 28
    2.3 应变电测法的应用 ·· 33
    2.4 应变电测法测量的影响因素 ··· 34

第3章 光学应变测量原理 ·· 37
    3.1 光学应变测量理论基础 ·· 37
    3.2 光学应变测量系统的构成 ·· 40
    3.3 光学应变测量分析方法 ·· 41
    3.4 光学应变测量误差分析 ·· 46
    3.5 光学应变测量系统的测量步骤 ··· 47

第4章 光学应变测量的应用 ··· 51
    4.1 铝合金锥底筒形件成形的应变分析 ·· 51
    4.2 铝合金非对称件成形的应变分析 ··· 56
    4.3 铝合金平底筒形件成形的应变分析 ·· 61
    4.4 铝合金双曲率件成形的应变分析 ··· 64

4.5　应变分析与摩擦系数 …………………………………………… 73
　　4.6　应变分析与成形极限图 ………………………………………… 84
　　4.7　应变分析与材料硬度 …………………………………………… 91
　　4.8　应变分析与壁厚不变线 ………………………………………… 94

第 5 章　体积成形的应变测量方法 …………………………………… 97
　　5.1　套环螺纹法测量应变的原理 …………………………………… 97
　　5.2　发动机叶轮成形的应变分析 …………………………………… 100
　　5.3　航空轮毂件成形的应变分析 …………………………………… 104
　　5.4　等径侧向挤压成形的应变分析 ………………………………… 108

第 6 章　应变测量系统 ………………………………………………… 111
　　6.1　主流的光学应变测量系统 ……………………………………… 111
　　6.2　ARGUS 应变分析系统的实际应用 …………………………… 113
　　6.3　ASAME 应变分析系统的操作步骤 …………………………… 117

附录　变径管内高压成形的应变分析 …………………………………… 129

参考文献 …………………………………………………………………… 134

第 1 章　　应变基础理论

经典力学是以牛顿定律为基础的力学体系，在宏观世界和低速状态下，研究物体运动的基本学科。经典力学又分为静力学（描述静止物体）、运动学（描述物体运动）和动力学（描述物体受力作用下的运动）。

理工类专业本科生学习的基础课理论力学研究刚体及质点的运动规律，所分析的对象是不变形的。材料力学及弹性力学分析弹性体的应力应变问题，所研究的物体通常服从虎克定律，即应力与应变存在线性关系。塑性力学研究塑性体的应力应变及载荷计算方法，应力与应变不再满足虎克定律。

应力与应变不仅是塑性力学中的基本概念，也是许多力学分支里的重要基础概念。外力指的是作用在坯料表面上的力，内力是指变形体在外力作用下，其内部各质点之间产生相互作用的力，单位面积上的内力被称作应力，空间任意点的应力状态可以用单元体的三个垂直坐标平面上的九个应力分量表示，即三个正应力和六个剪应力。描述一点应力状态的必要条件为过该点三个相互垂直坐标上的六个独立应力分量或三个主应力。应变的表达方式和特征都与应力相同。

1.1　应变的定义和分类

应变用绝对变形量与工件原始尺寸之比表示，如图 1-1 所示，工件原始长度为 L_0，变形后长度为 L，它的变形量 $\Delta L = L - L_0$，那么，应变

$$E = \frac{\Delta L}{L_0} = \frac{L - L_0}{L_0}$$

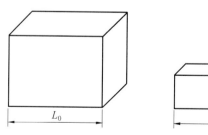

图 1-1　应变定义示意图

应变是表示变形大小的一个物理量，力学中在研究一点的应力状态时，可以找到三个互相垂直的没有剪应力作用的平面，将这些平面称为主平面，而这些平面的法线方向称为主方向。同样，在研究应变问题时，也可以找到三个互相垂直的平面，在这些平面上没有

剪应变,这样的平面称为主平面,而这些平面的法线方向称为主方向。对应于主方向的正应变则称为主应变。

平面上的任意一点同时受到几个方向的力作用时,每个方向都会产生一定的应变,其中最大的力的方向产生的应变就是最大主应变,最小的力的方向产生的应变就是最小主应变。

塑性变形的大小可以用工程应变或对数应变来表示,应变的分类如下。

1. 工程应变

工程应变(engineering strain,又称名义应变)以线尺寸增量与最初尺寸之比来表示,如图 1-2 所示。

$$e = \frac{\Delta l}{l_0} = \frac{l_1 - l_0}{l_0} \tag{1-1}$$

式中,l_0 为原始长度;l_1 为变形后的长度。

对于均匀的伸长变形,由于体积不变,断面收缩率 $\psi = \frac{A_0 - A_1}{A_0}$($A_0$、$A_1$ 分别为变形前后的截面面积)与 e 是等效的,亦属于工程应变范畴。

工程应变的主要缺点是把基长看成固定的,所以并不能真实地反映变化的基长对应变的影响,从而造成变形过程的总应变不等于各个阶段应变之和。

如图 1-3 所示,将 50 cm 长的杆拉伸至总长 90 cm,总应变为 $e = \frac{90-50}{50} = 80\%$,若将此变形过程分为两个阶段,即由 50 cm 拉长到 80 cm,再由 80 cm 拉长至 90 cm,则相应的应变为 $e_1 = \frac{80-50}{50} = 60\%$,$e_2 = \frac{90-80}{80} = 12.5\%$,其总应变为 $e_1 + e_2 = (60 + 12.5)\% = 72.5\%$,与 $e = 80\%$ 不相等。

图 1-2 工程应变的示意图

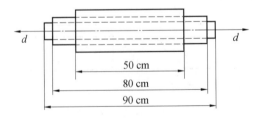

图 1-3 试件拉伸在不同阶段时的尺寸

2. 真实应变

真实应变(true strain,又称对数应变)是指工件变形后的线尺寸与变形前的线尺寸

之比的自然对数值。对数应变之所以是真实的,是因为它是某瞬时尺寸的无限小增量与该瞬时尺寸比值(即应变增量)的积分:

$$\varepsilon = \int_{l_0}^{l_1} \frac{\mathrm{d}l}{l} = \ln l \big|_{l_0}^{l_1} = \ln \frac{l_1}{l_0} \qquad (1-2)$$

此积分在应变主轴方向基本不变的情况才能进行,其中正应变表示拉伸,负应变表示压缩。

对数应变真实地反映了变形的积累过程,它具有可叠加性,所以称为"可叠加应变",即

$$\varepsilon = \ln \frac{l_1}{l_0} = \ln \frac{l_0 + \Delta l}{l_0} = \ln\left(1 + \frac{\Delta l}{l_0}\right) = \ln(1+e) \qquad (1-3)$$

式中,e 是工程应变。

对于图 1-3 所示的实例,$\varepsilon = \int_{50}^{80} \frac{\mathrm{d}l}{l} + \int_{80}^{90} \frac{\mathrm{d}l}{l} = \int_{50}^{90} \frac{\mathrm{d}l}{l} = \ln \frac{90}{50} = 0.59$。此时分阶段变形的真实应变之和总是等于总的真实应变。

表 1-1 给出了部分工程应变与真实应变的对照值,表中正值表示伸长,负值表示缩短。由表中数据可知,随着应变绝对值的增大,两种表示方式的差别增大。应当指出,当应变量不大时,工程应变 e 与真实应变 ε 相差不多,将式(1-3)写成级数形式为:

$$\varepsilon = e - \frac{e^2}{2} + \frac{e^3}{3} - \frac{e^4}{4} + \cdots + (-1)^{n-1} \frac{e^n}{n} + \cdots \qquad (1-4)$$

当 $|\varepsilon|<1$ 时,该级数收敛。忽略三次方项,则由式(1-4)可得,真实应变与工程应变之差为:

$$\varepsilon - e = -\frac{e^2}{2} \qquad (1-5)$$

若 $e<0.1$,两者绝对值误差小于 0.005,相对误差小于 5%,这时可以认为 $e \approx \varepsilon$。

表 1-1 工程应变与真实应变对照表

工程应变	真实应变	工程应变	真实应变
1000	6.909	-0.01	-0.010
100	4.615	-0.1	-0.105
10	2.398	-0.3	-0.357
1	0.693	-0.5	-0.693
0.1	0.095	-0.99	-4.605
0	0	-1	-∞

式(1-5)也可用图 1-4 表示,由图可知,e 总是大于或等于 ε。当没有变形时,即 $l_1/l_0 = 1$ 时,两者相同,但随着变形的增加,e 与 ε 两者的差值逐渐增大,超塑性变形时延伸率可达 2 000%,这时两者的差别就更大。

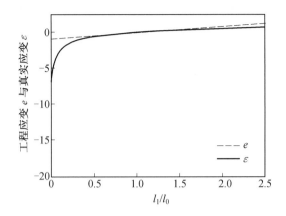

图 1－4　工程应变与真实应变对比曲线

1.2　应变状态分析

应变是表示变形大小的物理量。当物体变形时，内部各质点都产生了位移。如果各质点之间的相对位置没有发生变化，则物体只是做了刚性位移，外形并没有改变。只有当质点间相对位置发生了变化，即产生了相对位移时，才会引起物体变形。因此，在分析变形时，通常要把刚性位移排除。也就是说，应变与物体刚性移动量无关，只与物体中质点相对位移有关，它与物体中的位移场有密切联系，位移场一经确定，则物体的应变也就被确定。因此，应变分析是一个纯几何问题，使用解析几何方法分析，与材料性质无关。

研究变形问题通常从小变形着手，所谓小变形是指数量级为 $10^{-3} \sim 10^{-2}$ 的弹塑性变形。金属塑性加工是大变形，这时要采用应变增量或应变速率，应变增量实质上是变形过程每一瞬间的小变形。对于大塑性变形过程，在其每一瞬间也可看成小变形。

应变可以写成位移函数，即几何方程。从分析微小变形着手，所得结果的适用范围并不局限于小变形。

在变形体内一点附近取相当小的单元体，如图 1－5 所示，可以认为该单元体变形是均匀的，变形后直线仍然保持平行，平面仍然保持。设 AB 为变形前单元体的对角线，单元体边长分别为 dx, dy, dz，变形后此对角线移动到 $A'B'$。

设 A' 点的坐标为 $(x+u, y+v, z+w)$，则 u, v, w 为 A 点的位移，即 AA' 在 x 轴、y 轴及 z 轴上的投影，u, v, w 是无限小的，它们是坐标 x, y, z 的连续函数。

B 点的坐标为 $(x+dx, y+dy, z+dz)$，并且变形后变为 $((x+dx)+(u+du), (y+dy)+(v+dv), (z+dz)+(w+dw))$。此处 du, dv, dw 是 B 点相对于 A 点位移在 x 轴、y 轴及 z 轴上的投影。

因为 u 被认为是 x, y, z 的连续函数，$u+du$ 将同样是 $x+dx, y+dy, z+dz$ 的函数。因此，如果 $u=f(x,y,z)$，则 $u+du=f\{(x+dx),(y+dy),(z+dz)\}$，将此式进行泰勒展开，得

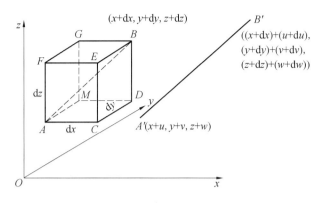

图 1-5 一点的位移分量

$$u + \mathrm{d}u = f(x,y,z) + \frac{\partial f}{\partial x}\mathrm{d}x + \frac{\partial f}{\partial y}\mathrm{d}y + \frac{\partial f}{\partial z}\mathrm{d}z + (含\ \mathrm{d}x,\mathrm{d}y,\mathrm{d}z\ 高次项) \quad (1-6)$$

因为 $u = f(x,y,z)$ 被认为是很小的数值,所以式(1-6)的最后一项可略去,于是得

$$\mathrm{d}u = \frac{\partial u}{\partial x}\mathrm{d}x + \frac{\partial u}{\partial y}\mathrm{d}y + \frac{\partial u}{\partial z}\mathrm{d}z \quad (1-7)$$

同理可得

$$\mathrm{d}v = \frac{\partial v}{\partial x}\mathrm{d}x + \frac{\partial v}{\partial y}\mathrm{d}y + \frac{\partial v}{\partial z}\mathrm{d}z \quad (1-8)$$

$$\mathrm{d}w = \frac{\partial w}{\partial x}\mathrm{d}x + \frac{\partial w}{\partial y}\mathrm{d}y + \frac{\partial w}{\partial z}\mathrm{d}z \quad (1-9)$$

式中,$\frac{\partial u}{\partial x}\mathrm{d}x$ 代表原始长度 $\mathrm{d}x$ 或 AC 的改变位量(见图 1-5),因此 x 轴方向的线应变 ε_x 可用下式表示:

$$\varepsilon_x = \frac{\frac{\partial u}{\partial x}\mathrm{d}x}{\mathrm{d}x} = \frac{\partial u}{\partial x} \quad (1-10)$$

同理,$\varepsilon_y = \frac{\partial v}{\partial y}$,$\varepsilon_z = \frac{\partial w}{\partial z}$ 分别代表沿 y 轴及 z 轴方向的线应变。

在 xOz 平面可见,角应变等于 $\angle JA'C'$ 及 $\angle F'A'M$,如图 1-6 所示。

$$\angle JA'C' = \alpha_{zx} \approx \tan \alpha_{zx} = \frac{C'J}{A'J} = \frac{\frac{\partial w}{\partial x}\mathrm{d}x}{\mathrm{d}x + \frac{\partial u}{\partial x}\mathrm{d}x} = \frac{\frac{\partial w}{\partial x}}{1 + \frac{\partial u}{\partial x}} \approx \frac{\partial w}{\partial x} \quad (1-11)$$

同理

$$\angle F'A'M = \alpha_{xz} \approx \tan \alpha_{xz} = \frac{F'M}{A'M} = \frac{\partial u}{\partial z} \quad (1-12)$$

在 xOz 平面内角变形为:

$$\gamma_{xz} = \frac{\partial w}{\partial x} + \frac{\partial u}{\partial x} \quad (1-13)$$

同理可得

$$\gamma_{yz} = \frac{\partial w}{\partial y} + \frac{\partial v}{\partial z} \qquad (1-14)$$

$$\gamma_{xy} = \frac{\partial v}{\partial x} + \frac{\partial u}{\partial y} \qquad (1-15)$$

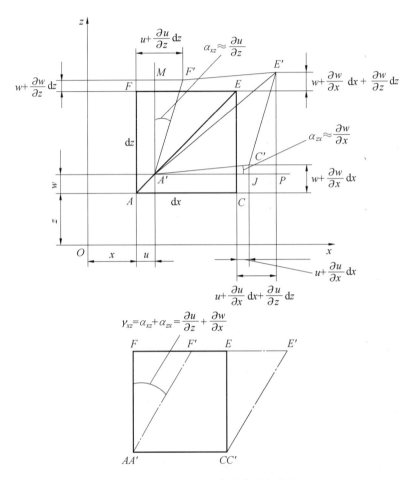

图 1-6 xOz 平面中的位移与应变

1.3 应变分量和应变张量

与力学理论中应力状态的分析类似,一个点的应变状态可以用 9 个应变分量或张量来描述,一般用 ε_{ij} 表示,即

$$\varepsilon_{ij} = \begin{bmatrix} \varepsilon_x & \gamma_{xy} & \gamma_{xz} \\ \gamma_{yx} & \varepsilon_y & \gamma_{yz} \\ \gamma_{zx} & \gamma_{zy} & \varepsilon_z \end{bmatrix} \qquad (1-16)$$

从变形的结果来看,将每一个角应变分量以其一半的值来表示,所产生的塑性变形效

果是完全一样的,例如可以用 $\frac{1}{2}\gamma_{xy}$, $\frac{1}{2}\gamma_{yx}$ 来代替 γ_{xy} 或 γ_{yx} ($\frac{1}{2}\gamma_{xy}=\frac{1}{2}\gamma_{yx}$),这时的下标与剪应力的下标一致,所以式(1-16)也可以按应力张量的形式写成应变张量,即

$$\varepsilon_{ij} = \begin{bmatrix} \varepsilon_x & \frac{1}{2}\gamma_{xy} & \frac{1}{2}\gamma_{xz} \\ \frac{1}{2}\gamma_{yx} & \varepsilon_y & \frac{1}{2}\gamma_{yz} \\ \frac{1}{2}\gamma_{zx} & \frac{1}{2}\gamma_{zy} & \varepsilon_z \end{bmatrix} \tag{1-17}$$

上述 9 个应变分量中只有 6 个是独立的。点的应变张量与应力张量不仅形式相似,而且性质和特性也相似。若已知某点的 ε_{ij},则可以求出该点任意方向上的线应变和切应变。

一般用 ε_1, ε_2, ε_3 表示主应变。对于各向同性材料,可以认为应变主方向与应力主方向重合。主应变张量为:

$$\varepsilon_{ij} = \begin{bmatrix} \varepsilon_1 & 0 & 0 \\ 0 & \varepsilon_2 & 0 \\ 0 & 0 & \varepsilon_3 \end{bmatrix} \tag{1-18}$$

主应变可由主应变状态特征方程求得,即

$$\varepsilon^3 - I_1\varepsilon^2 - I_2\varepsilon - I_3 = 0 \tag{1-19}$$

式中,I_1, I_2, I_3 为三个应变张量不变量,即

$$I_1 = \varepsilon_x + \varepsilon_y + \varepsilon_z = \varepsilon_1 + \varepsilon_2 + \varepsilon_3 \tag{1-20}$$

$$I_2 = -[\varepsilon_x\varepsilon_y + \varepsilon_y\varepsilon_z + \varepsilon_z\varepsilon_x + (\gamma_{xy}^2 + \gamma_{yz}^2 + \gamma_{zx}^2)] = -(\varepsilon_1\varepsilon_2 + \varepsilon_2\varepsilon_3 + \varepsilon_3\varepsilon_1) \tag{1-21}$$

$$I_3 = \begin{vmatrix} \varepsilon_x & \gamma_{xy} & \gamma_{xz} \\ \gamma_{yx} & \varepsilon_y & \gamma_{yz} \\ \gamma_{zx} & \gamma_{zy} & \varepsilon_z \end{vmatrix} = \begin{vmatrix} \varepsilon_1 & 0 & 0 \\ 0 & \varepsilon_2 & 0 \\ 0 & 0 & \varepsilon_3 \end{vmatrix} = \varepsilon_1\varepsilon_2\varepsilon_3 \tag{1-22}$$

式(1-22)中的应变张量也是二阶对称张量,与应力张量具有同样的特性。它充分地决定了一点的变形状态,具有与应力张量类似的不变量,可分解为应变偏张量和应变球张量,应变偏张量反映形状变化,应变球张量反映体积变化,即

$$\varepsilon_{ij} = \begin{bmatrix} \varepsilon_x - \varepsilon_m & \gamma_{xy} & \gamma_{xz} \\ \gamma_{yx} & \varepsilon_y - \varepsilon_m & \gamma_{yz} \\ \gamma_{zx} & \gamma_{zy} & \varepsilon_z - \varepsilon_m \end{bmatrix} + \begin{bmatrix} \varepsilon_m & 0 & 0 \\ 0 & \varepsilon_m & 0 \\ 0 & 0 & \varepsilon_m \end{bmatrix} \tag{1-23}$$

式中,ε_m 为平均线应变,$\varepsilon_m = \frac{1}{3}(\varepsilon_x + \varepsilon_y + \varepsilon_z) = \frac{1}{3}I_1$。式(1-23)中第一项为应变偏张量,第二项为应变球张量。

塑性变形时体积不变,应变之和 $\varepsilon_x + \varepsilon_x + \varepsilon_x = 0$,即 $\varepsilon_m = 0$,所以应变球张量为 0,应变偏张量就是应变张量。

于是得到应变与位移关系的表达式:

$$\text{线应变}\begin{cases}\varepsilon_x=\dfrac{\partial u}{\partial x}\\ \varepsilon_y=\dfrac{\partial v}{\partial y}\\ \varepsilon_z=\dfrac{\partial w}{\partial z}\end{cases} \quad (1-24)$$

$$\text{剪应变}\begin{cases}\gamma_{xy}=\dfrac{\partial v}{\partial x}+\dfrac{\partial u}{\partial y}\\ \gamma_{yz}=\dfrac{\partial w}{\partial y}+\dfrac{\partial v}{\partial z}\\ \gamma_{zx}=\dfrac{\partial u}{\partial z}+\dfrac{\partial w}{\partial x}\end{cases} \quad (1-25)$$

1.4　等效应变和最大剪应变

塑性变形时，由于材料连续致密，体积变化很微小，与形状变化相比可以忽略，因此认为塑性变形时体积不变，故有 $I_1=0$，这是一条很重要的原则。

在与主应变方向成 45°角方向上也存在主剪应变，若 $\varepsilon_1\geqslant\varepsilon_2\geqslant\varepsilon_3$，则最大剪应变为：

$$\gamma_{\max}=\pm\frac{1}{2}(\varepsilon_1-\varepsilon_3) \quad (1-26)$$

八面体平面的法线与三个主坐标轴等斜角 55°44′，即方向余弦为 $1/\sqrt{3}$，相应的正应变为八面体应变，其值为：

$$\varepsilon_8=\frac{1}{3}(\varepsilon_x+\varepsilon_y+\varepsilon_z)=\frac{1}{3}(\varepsilon_1+\varepsilon_2+\varepsilon_3)=\frac{1}{3}I'_1=\varepsilon_m \quad (1-27)$$

式中，I'_1 为应变张量第一不变量，$I'_1=\varepsilon_1+\varepsilon_2+\varepsilon_3$。

由式(1-27)可见，八面体正应变等于平均应变。八面体平面的剪应变为：

$$\tau_8=\frac{2}{3}[(\varepsilon_1-\varepsilon_2)^2+(\varepsilon_2-\varepsilon_3)^2+(\varepsilon_1-\varepsilon_2)^2]^{\frac{1}{2}}=\sqrt{\frac{8}{9}I'_2} \quad (1-28)$$

用应变张量不变量可以表示为：

$$\tau_8=\frac{\sqrt{2}}{3}[I'^2_1+3I'^2_2]^{\frac{1}{2}} \quad (1-29)$$

式中，I'_2 为应变张量第二不变量，$I'_2=\varepsilon_1\varepsilon_2+\varepsilon_2\varepsilon_3+\varepsilon_3\varepsilon_1$。

等效应变又称应变强度，它与等效应力及应力强度相似，是将复杂应变状态的应变折合成相当于简单拉伸时（$\bar{\varepsilon}=\varepsilon_1,\varepsilon_2=\varepsilon_3=-\dfrac{1}{2}\varepsilon_1$）的应变，等效应变表示物体内某处的变形程度，是分析变形的有效工具，大多数有限元模拟软件的后处理中都有等效应变的云图显示。等效应变 $\bar{\varepsilon}$ 用下式计算：

$$\bar{\varepsilon} = \sqrt{2}\gamma_8 = \frac{\sqrt{2}}{3}\sqrt{(\varepsilon_x-\varepsilon_y)^2+(\varepsilon_y-\varepsilon_z)^2+(\varepsilon_z-\varepsilon_x)^2+6(\gamma_{xy}^2+\gamma_{yz}^2+\gamma_{zx}^2)}$$

$$= \frac{\sqrt{2}}{3}\sqrt{(\varepsilon_1-\varepsilon_2)^2+(\varepsilon_2-\varepsilon_3)^2+(\varepsilon_3-\varepsilon_1)^2}$$

(1-30)

在纯剪切情况下有 $\varepsilon_1-\varepsilon_3=\frac{1}{2}\gamma>0$，$\varepsilon_2=0$，故 $I'_2=\frac{1}{4}\gamma^2$，于是定义等效剪应变（也称剪应变强度）为：

$$\bar{\gamma} = 2\sqrt{I'_2} = \sqrt{3}\bar{\varepsilon}$$

可见，$\bar{\varepsilon}$、$\bar{\gamma}$、τ_8 都与 $\sqrt{I'_2}$ 成正比，只是比例系数不同而已。

1.5 应变摩尔圆和罗德应变参数

应变状态也可以用应变摩尔圆表示。如果已知三个主应变 ε_1、ε_2、ε_3 的数值，且 $\varepsilon_1 > \varepsilon_2 > \varepsilon_3$，则可以在坐标 ε 和 γ 上画出应变摩尔圆，分别以 P_1、P_2、P_3 为圆心，该三点的横坐标值为：

$$OP_1 = \frac{\varepsilon_1+\varepsilon_2}{2}, \quad OP_2 = \frac{\varepsilon_1+\varepsilon_3}{2}, \quad OP_3 = \frac{\varepsilon_2+\varepsilon_3}{2}$$

圆的半径分别为：

$$r_1 = \frac{\varepsilon_1-\varepsilon_2}{2}, \quad r_2 = \frac{\varepsilon_1-\varepsilon_3}{2}, \quad r_3 = \frac{\varepsilon_2-\varepsilon_3}{2}$$

用这三个半径画三个圆，如图 1-7 所示，与应力摩尔圆类似，所有可能的应变状态都将在阴影部分。

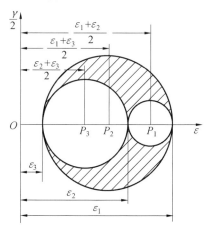
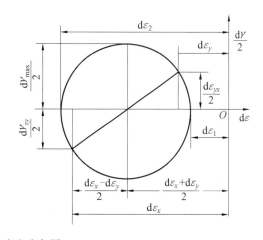

图 1-7　应变摩尔圆

由图 1-7 可见，最大剪应变为：

$$\gamma_{\max} = \varepsilon_1 - \varepsilon_3$$

如果所研究的是平面应变状态,并已知应变增量 $d\varepsilon_x, d\varepsilon_y, d\gamma_{xy} = d\gamma_{yx}$,且假设正应变是受压的,即取 $d\varepsilon_x, d\varepsilon_y$ 为负值,此时摩尔圆的半径为:

$$r^2 = \left(\frac{d\varepsilon_x - d\varepsilon_y}{2}\right)^2 + \left(\frac{d\gamma_{xy}}{2}\right)^2 = \frac{1}{4}(d\varepsilon_x - d\varepsilon_y)^2 + \frac{1}{4}d\gamma_{xy}^2 \quad (1-31)$$

或写为:

$$r = \frac{1}{2}\sqrt{(d\varepsilon_x - d\varepsilon_y)^2 + d\gamma_{xy}^2} \quad (1-32)$$

这时主应变的值为:

$$d\varepsilon_1 = -\frac{d\varepsilon_x + d\varepsilon_y}{2} + \frac{1}{2}\sqrt{(d\varepsilon_x - d\varepsilon_y)^2 + d\gamma_{xy}^2} \quad (1-33)$$

$$d\varepsilon_2 = -\frac{d\varepsilon_x + d\varepsilon_y}{2} - \frac{1}{2}\sqrt{(d\varepsilon_x - d\varepsilon_y)^2 + d\gamma_{xy}^2} \quad (1-34)$$

罗德应变参数(Lode strain parameter)定义为:

$$\mu_\varepsilon = \frac{2\varepsilon_2 - \varepsilon_1 - \varepsilon_3}{\varepsilon_1 - \varepsilon_3} \quad (1-35)$$

三个特殊情况如下。
① 单向拉伸:$\varepsilon_1 > 0, \varepsilon_2 = \varepsilon_3 = -v\varepsilon_1$,则 $\mu_\varepsilon = -1$。
② 纯剪切:$\varepsilon_1 = -\varepsilon_3 > 0, \varepsilon_2 = 0$,则 $\mu_\varepsilon = 0$。
③ 单向压缩:$\varepsilon_3 < 0, \varepsilon_1 = \varepsilon_2 = -v\varepsilon_3$,则 $\mu_\varepsilon = 1$。
在一般情况下,$-1 \leqslant \mu_\varepsilon \leqslant 1$。
罗德应变参数表示一点应变状态的特征。

1.6 应变速率与应变速率张量

在塑性变形过程中,变形体中质点之间的距离通常是变化的,该变化量决定了应变的大小,质点间距离改变的快慢决定了应变速率的数值。质点间的位移速度用 $\dot{u}, \dot{v}, \dot{w}$ 来表示,在非稳定变形过程中,位移速度及位移本身都是时间的连续函数。

例如,位移速度可用下式表示:

$$\begin{cases} \dot{u} = f_1(x,y,z,t) \\ \dot{v} = f_2(x,y,z,t) \\ \dot{w} = f_3(x,y,z,t) \end{cases} \quad (1-36)$$

如果应变很小,位移速度分量可以用相应的位移分量对时间的偏导数来表达:

$$\begin{cases} \dot{u} = \frac{\partial u}{\partial t} \\ \dot{v} = \frac{\partial v}{\partial t} \\ \dot{w} = \frac{\partial w}{\partial t} \end{cases} \quad (1-37)$$

如果考察离得很近的两点,则沿某一方向的应变速率可由该两点速度差与该两点间距离比值的极限来确定,求此极限时,令两点的距离趋近于零。应变速率也可用应变符号来表示,但在上方加一点,例如,

$$\dot{\varepsilon}_x = \frac{\partial \dot{u}}{\partial x}, \quad \dot{\gamma}_{xy} = \frac{\partial \dot{u}}{\partial y} + \frac{\partial \dot{v}}{\partial x} \tag{1-38}$$

或者将式(1-37)代入式(1-38)得

$$\dot{\varepsilon}_x = \frac{\partial^2 u}{\partial x \partial t} = \frac{\partial}{\partial t}\left(\frac{\partial u}{\partial x}\right) = \frac{\partial \varepsilon_x}{\partial t} \tag{1-39}$$

$$\dot{\gamma}_{xy} = \frac{\partial^2 u}{\partial y \partial t} + \frac{\partial^2 v}{\partial x \partial t} = \frac{\partial}{\partial t}\left(\frac{\partial u}{\partial y} + \frac{\partial v}{\partial x}\right) = \frac{\partial \gamma_{xy}}{\partial t} \tag{1-40}$$

类似地,可以确定其余的应变速率分量,汇总如下:

$$\begin{cases} \dot{\varepsilon}_x = \dfrac{\partial \dot{u}}{\partial x} = \dfrac{\partial \varepsilon_x}{\partial t} \\[4pt] \dot{\varepsilon}_y = \dfrac{\partial \dot{v}}{\partial x} = \dfrac{\partial \varepsilon_y}{\partial t} \\[4pt] \dot{\varepsilon}_z = \dfrac{\partial \dot{w}}{\partial x} = \dfrac{\partial \varepsilon_z}{\partial t} \\[4pt] \dot{\gamma}_{xy} = \dfrac{\partial \dot{u}}{\partial y} + \dfrac{\partial \dot{v}}{\partial x} = \dfrac{\partial \gamma_{xy}}{\partial t} \\[4pt] \dot{\gamma}_{yz} = \dfrac{\partial \dot{v}}{\partial z} + \dfrac{\partial \dot{w}}{\partial y} = \dfrac{\partial \gamma_{yz}}{\partial t} \\[4pt] \dot{\gamma}_{zx} = \dfrac{\partial \dot{w}}{\partial x} + \dfrac{\partial \dot{u}}{\partial z} = \dfrac{\partial \gamma_{zx}}{\partial t} \end{cases} \tag{1-41}$$

因此,应变速率分量等于位移速度对相应坐标的导数,也等于应变对时间的导数。与应变分量一样,应变速率分量可组成应变速率张量。对于应变速率,与应变一样存在应变速率主轴,沿该方向仅有线应变速率,而无切应变速率。按与应变理论相应的公式可以找到最大切应变速率。对于应变速率,也可以画出应变速率摩尔圆。对于轴对称状态,采用球坐标时应变速率与位移之间的关系可以写成如下形式:

$$\begin{cases} \dot{\varepsilon}_r = \dfrac{\partial \dot{u}_r}{\partial r} \\ \dot{\varepsilon}_\theta = \dfrac{1}{r}\left(\dfrac{\partial \dot{u}_\theta}{\partial \theta} + \dot{u}_r\right) \\ \dot{\varepsilon}_\varphi = \dfrac{1}{r\sin\theta}\dfrac{\partial \dot{u}_\varphi}{\partial \varphi} + \dfrac{\dot{u}_r}{r} + \dfrac{\dot{u}_\theta}{r}\cos\theta \\ \dot{\gamma}_{r\theta} = \dfrac{1}{2}\left(\dfrac{\partial \dot{u}_\theta}{\partial r} - \dfrac{\dot{u}_\theta}{r} + \dfrac{1}{r}\dfrac{\partial \dot{u}_r}{\partial \theta}\right) \\ \dot{\gamma}_{\theta\varphi} = \dfrac{1}{2}\left(\dfrac{1}{r\sin\theta}\dfrac{\partial \dot{u}_\theta}{\partial r} + \dfrac{1}{r}\dfrac{\partial \dot{u}_\varphi}{\partial \theta} - \dfrac{\dot{u}_r}{r}\cot\theta\right) \\ \dot{\gamma}_{\varphi r} = \dfrac{1}{2}\left(\dfrac{1}{r\sin\theta}\dfrac{\partial \dot{u}_r}{\partial \varphi} + \dfrac{\partial \dot{u}_r}{\partial r} - \dfrac{\dot{u}_\theta}{r}\right) \end{cases} \qquad (1-42)$$

应当指出,位移速度、应变速率的单位不同,前者是 m/s,后者为 s^{-1}。

1.7 主应变图与体积不变条件

应变是表示变形大小的一个物理量,通过应变来衡量物体的变形程度。为了定性说明变形区某一小部分或整个变形区的变形情况,通常采用主应变图。主应变图就是在微元体上用箭头表示三个尺寸变化趋势,伸长时箭头外指,缩短时箭头内指,在塑性成形中应变的类型有以下三种。

(1) 伸长类变形。

绝对值最大的主应变 ε_1 为伸长,$\varepsilon_1 > 0$,其余两个为缩短,$\varepsilon_2 < 0$ 及 $\varepsilon_3 < 0$,变形状态为一拉二压,$\varepsilon_1 = -(\varepsilon_2 + \varepsilon_3)$。

(2) 平面变形(纯剪类变形)。

三个主应变中有一个应变为零($\varepsilon_2 = 0$),其余两个绝对值相等、符号相反,$\varepsilon_1 = -\varepsilon_3$,变形状态为一拉一压。

(3) 缩短类变形。

绝对值最大的主应变 ε_3 为缩短,$\varepsilon_3 < 0$,其余两个应变 ε_1 及 ε_2 皆为伸长,即 $\varepsilon_1 > 0$,$\varepsilon_2 > 0$,变形状态为一压二拉,$\varepsilon_3 = -(\varepsilon_1 + \varepsilon_2)$。

应变的三类变形状态简图如图 1-8 所示。主应变图和主应力图统称为变形力学图,用来表征和分析成形件某一具体位置的应力应变状态。

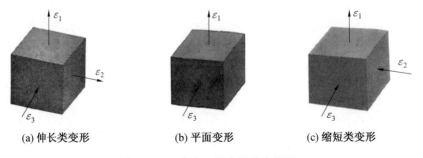

(a) 伸长类变形　　　　(b) 平面变形　　　　(c) 缩短类变形

图 1-8　应变三类变形状态简图

在塑性成形过程中,体积不变条件是一项很重要的原则,有些问题可根据几何关系直接利用体积不变条件来求解。此外,体积不变条件还用于塑性成形过程中坯料或工件半成品的形状和尺寸的计算。

【例1-1】 一块长、宽、厚为 120 mm×36 mm×0.5 mm 的平板,拉伸后在长度方向均匀伸长至 144 mm,设宽度不变,求平板的最终尺寸。

解 根据变形条件可求得长、宽、厚方向的主应变(用对数应变表示)为:

$$\varepsilon_l = \ln\frac{144}{120} \approx 0.182$$

$$\varepsilon_b = \ln\frac{36}{36} = 0$$

$$\varepsilon_h = \ln\frac{h}{h_0}$$

由体积不变条件 $\varepsilon_l + \varepsilon_b + \varepsilon_h = 0$,得

$$\varepsilon_h = -\varepsilon_l$$

所以有

$$\varepsilon_h = \ln\frac{h}{h_0} = -\ln\frac{144}{120} = \ln\frac{120}{144}$$

亦即 $\dfrac{h}{h_0} = \dfrac{120}{144}$,进而得

$$h = \frac{120}{144}h_0 = \frac{120}{144} \times 0.5 \approx 0.417 \ (\text{mm})$$

所以平板的最终尺寸为 144 mm×36 mm×0.417 mm。

根据塑性成形的体积不变条件 $\varepsilon_1 + \varepsilon_2 + \varepsilon_3 = 0$,在已知两个应变大小的情况下,可以分析和判断另一个应变的方向,从而分析变形的特点。例如,在板材成形中,如果轴向应变小于环向应变 $\varepsilon_{max} > |\varepsilon_{min}|$,那么厚度方向上的应变 ε_t 必小于0,也就是壁厚是减薄的,变形状态为一拉二压,伸长类变形,如图1-9(a)所示。如果轴向应变大于环向应变,$\varepsilon_{max} < |\varepsilon_{min}|$,那么厚度方向上的应变必大于0,也就是壁厚是增厚的,变形状态为一压二拉,缩短类变形,如图1-9(b)所示。

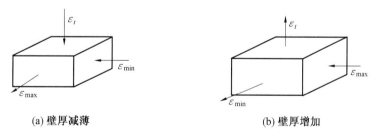

(a) 壁厚减薄　　　　　　　　(b) 壁厚增加

图 1-9　板材成形应变状态图

在塑性变形过程中材料体积是有一些变化的,它的变化可用体积应变 θ 来表示。在变形物体内某点附近,沿该点主轴方向截取一边长为 dx,dy,dz 的微元六面体,如图1-9

所示,则变形前的体积 V_0 等于各边长的乘积,即 $dV_0 = dxdydz$。

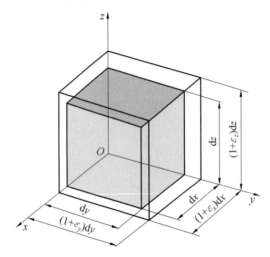

图 1-10　按主平面截取的微元体变形

考虑小变形时,切应变引起的边长变化及体积变化都是高阶微量,可以忽略,则体积的变化只由线应变引起,如图 1-10 所示,在 x 轴方向上原始长度为 dx,在物体变形时,该微元体的边长将发生变化,变形后在 x 轴方向上的长度为 r_x,则在 x 轴方向上的线应变为:

$$\varepsilon_x = \frac{r_x - dx}{dx}$$

所以 $r_x = dx(1+\varepsilon_x)$,同理 $r_y = dy(1+\varepsilon_y), r_z = dz(1+\varepsilon_z)$。

变形后六面体的体积为:

$$dV' = (1+\varepsilon_x)dx(1+\varepsilon_y)dy(1+\varepsilon_z)dz \tag{1-43}$$

忽略高阶无限小量,式(1-43)可表示为:

$$dV' = (1+\varepsilon_x+\varepsilon_y+\varepsilon_z)dxdydz = (1+\varepsilon_x+\varepsilon_y+\varepsilon_z)dV \tag{1-44}$$

体积的相对改变量,即体积应变为:

$$\theta = \frac{dV' - dV}{dV} = \frac{(1+\varepsilon_x+\varepsilon_y+\varepsilon_z)dV - dV}{dV} = \varepsilon_x+\varepsilon_y+\varepsilon_z \tag{1-45}$$

即使所取的微元体不是沿主轴方向,即沿坐标方向存在剪应变,但由于剪应变引起的体积改变是高阶微量,可以略去不计,这时仍可以将体积应变写成以下形式:

$$\theta = \varepsilon_x + \varepsilon_y + \varepsilon_z \tag{1-46}$$

即体积应变等于三个线应变之和。若以位移函数来表示,则式(1-46)可写成:

$$\theta = \frac{\partial u}{\partial x} + \frac{\partial v}{\partial y} + \frac{\partial w}{\partial z} \tag{1-47}$$

对于连续介质,体积的变化主要取决于平均应力 σ_m,可以用下式表示:

$$\theta = \frac{3(1+2\mu)\sigma_m}{E} \tag{1-48}$$

式中，μ 为泊松比；E 为弹性模量。

布里奇曼(Bridgman)及其他人的试验证明，致密的固体和液体的体积压缩是弹性变形，而相对体积变化与静水应力之间的关系接近线性，这就意味着物体的密度变化是由弹性变形所引起的。当承受静水应力约 980 MPa 时，钢的体积可减少 0.6%，铜减少 1.3%。众所周知，塑性加工时变形量通常大于 10%，甚至大于 50%，因此弹性变形量是微不足道的，也就是说体积不变条件（又称不可压缩条件）在分析实际工程问题时完全是可用的，采用这个假定还可以使分析问题简化很多。

根据体积不变条件有

$$\theta = \varepsilon_x + \varepsilon_y + \varepsilon_z = 0 \tag{1-49}$$

式中，$\varepsilon_x, \varepsilon_y, \varepsilon_z$ 为塑性变形的三个线应变分量。

弹性变形时，体积变化率必须考虑。但在塑性变形时，由于材料连续且致密，体积变化很微小，与形状变化相比可以忽略，因此认为塑性变形时体积不变，由式(1-49)可知，塑性线应变分量的代数和等于零。体积不变条件也可用主应变表示：

$$\varepsilon_1 + \varepsilon_2 + \varepsilon_3 = 0 \tag{1-50}$$

式(1-49)和式(1-50)称为塑性变形时的体积不变条件。也就是说，在塑性变形时，变形前物体的体积等于变形后的体积。

体积不变条件用对数应变表示则更为准确。设变形体的原始长、宽、高分别为 l_0、b_0、h_0，变形后为 l_1、b_1、h_1，则体积不变条件可表示为：

$$\varepsilon_l + \varepsilon_b + \varepsilon_h = \ln\frac{l_1}{l_0} + \ln\frac{b_1}{b_0} + \ln\frac{h_1}{h_0} = \ln\frac{l_1 b_1 h_1}{l_0 b_0 h_0} = 0 \tag{1-51}$$

由式(1-51)可以看出，塑性变形时三个线应变分量不可能全部为正或负，绝对值最大的应变永远和另外两个应变的符号相反。由此可以得出结论，塑性变形只可能有三种类型，即图 1-8 所示的主应变状态图。此外，塑性变形应变摩尔圆的切应变轴 γ 必定在由 ε_1 与 ε_3 组成的大圆之内变化。

应该指出，对于非密实材料的变形，上述假定是有出入的，并不遵守体积不变定律，但遵守质量不变定律，即质量等于常数。若以 $\rho_0 V_0$ 表示粉末或金属液的密度与体积，则有

$$\rho_0 V_0 = \rho V \tag{1-52}$$

将式(1-52)取对数并整理可得

$$\ln\frac{\rho}{\rho_0} + \ln\frac{V}{V_0} = 0$$

或

$$\varepsilon_\rho + \varepsilon_V = 0 \tag{1-53}$$

式中，$\varepsilon_\rho = \ln(\rho/\rho_0)$ 为真实致密度；$\varepsilon_V = \ln(\rho/\rho_0)$ 为真实体积应变。

真实体积应变又可用各方向的应变表示：

$$\varepsilon_V = \varepsilon_t + \varepsilon_r + \varepsilon_\theta \tag{1-54}$$

式中，ε_t 为厚向应变；ε_r 为径向应变；ε_θ 为环向应变。

1.8 应变几何方程和连续方程

1.8.1 应变几何方程

应变几何方程就是确定物体质点位移与其应变之间的数学关系。由于变形物体内的点产生了位移,因此引起了质点的应变。显然,质点的应变是由位移决定的。一旦物体的位移场确定后,其应变场也就确定了。

物体变形后,体内的点都产生了位移。设物体内任意点的位移矢量为 u,则它在三个坐标轴上的投影就称为该点的位移分量,分别用 $u=u(x,y,z)$、$v=v(x,y,z)$、$w=w(x,y,z)$ 表示。由于物体在变形后仍保持连续,因此位移分量应是坐标的连续函数,而且一般都有连续的二阶偏导数。

设变形物体内一点 A 的坐标为 (x,y,z),变形后移至 A_1 点,其三个位移分量 u、v、w 是 A 点的坐标函数。若在无限靠近 A 点处有一点 C,其坐标为 $(x+\mathrm{d}x,y+\mathrm{d}y,z+\mathrm{d}z)$,变形后移至 C_1 点。由于 C 点的坐标相对于 A 点有坐标增量 $\mathrm{d}x,\mathrm{d}y,\mathrm{d}z$,因而 C_1 点的位移必然相对于 A_1 点有位移增量 $\delta u,\delta v,\delta w$,且 C_1 点的位移应是 C 点坐标的函数,故 C_1 点位移分量为:

$$\begin{cases} u+\delta u = u(x+\mathrm{d}x,y+\mathrm{d}y,z+\mathrm{d}z) \\ v+\delta v = v(x+\mathrm{d}x,y+\mathrm{d}y,z+\mathrm{d}z) \\ w+\delta w = w(x+\mathrm{d}x,y+\mathrm{d}y,z+\mathrm{d}z) \end{cases} \quad (1-55)$$

将式(1-55)用泰勒公式展开并略去高次项,得 C_1 点相对于 A_1 点的位移增量为:

$$\begin{cases} \delta u = \dfrac{\partial u}{\partial x}\mathrm{d}x + \dfrac{\partial u}{\partial y}\mathrm{d}y + \dfrac{\partial u}{\partial z}\mathrm{d}z \\ \delta v = \dfrac{\partial v}{\partial x}\mathrm{d}x + \dfrac{\partial v}{\partial y}\mathrm{d}y + \dfrac{\partial v}{\partial z}\mathrm{d}z \\ \delta w = \dfrac{\partial w}{\partial x}\mathrm{d}x + \dfrac{\partial w}{\partial y}\mathrm{d}y + \dfrac{\partial w}{\partial z}\mathrm{d}z \end{cases} \quad (1-56)$$

为了简明和清晰起见,现在只研究在 xOy 平面上的投影,此时只有 x,y 坐标的位移分量 u,v,以及单元体在 xOy 平面上的尺寸 $\mathrm{d}x,\mathrm{d}y$,如图 1-11 所示。B_1 点相对于 A_1 点的位移增量,由于 $\mathrm{d}y=0$,由式(1-56)得

$$\delta u_a = \frac{\partial u}{\partial x}\mathrm{d}x$$

及

$$\delta v_a = \frac{\partial v}{\partial x}\mathrm{d}x$$

同理

$$\delta u_c = \frac{\partial u}{\partial y}\mathrm{d}y, \quad \delta v_c = \frac{\partial v}{\partial y}\mathrm{d}y$$

于是,AB(即 $\mathrm{d}x$)在 x 轴方向上的线应变为:

$$\varepsilon_x = \frac{u + \delta u_a - u}{\mathrm{d}x} = \frac{\delta u_a}{\mathrm{d}x} = \frac{\partial u}{\partial x} \tag{1-57}$$

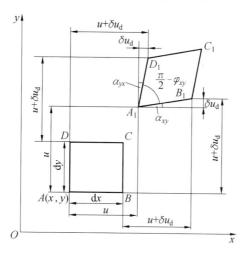

图 1-11　位移分量与应变分量的关系

同理,AD(即 $\mathrm{d}y$)在 y 轴方向上的线应变为:

$$\varepsilon_y = \frac{v + \delta v_c - v}{\mathrm{d}y} = \frac{\delta v_c}{\mathrm{d}y} = \frac{\partial v}{\partial y} \tag{1-58}$$

由几何关系得

$$\alpha_{xy} \approx \tan\alpha_{xy} = \frac{\delta v_a}{\mathrm{d}x + u + \delta u_a - u} = \frac{\frac{\partial v}{\partial x}\mathrm{d}x}{\mathrm{d}x + \frac{\partial u}{\partial x}\mathrm{d}x} = \frac{\frac{\partial v}{\partial x}}{1 + \frac{\partial u}{\partial x}} \tag{1-59}$$

因为 $\varepsilon_x = \dfrac{\partial u}{\partial x}$,其值远小于 1,所以

$$\alpha_{xy} = \frac{\partial v}{\partial x}$$

同理

$$\alpha_{yx} = \frac{\partial u}{\partial y}$$

因而有

$$\gamma_{xy} = \gamma_{yx} = \frac{1}{2}\varphi_{xy} = \frac{1}{2}(\alpha_{xy} + \alpha_{yx}) = \frac{1}{2}\left(\frac{\partial u}{\partial y} + \frac{\partial v}{\partial x}\right) \tag{1-60}$$

按同样方法,由 yOz 和 zOx 平面上的投影的几何关系可得其余应变分量的公式,综合上述可得

$$\begin{cases} \varepsilon_x = \dfrac{\partial u}{\partial x}, & \gamma_{yz} = \gamma_{zy} = \dfrac{1}{2}\left(\dfrac{\partial v}{\partial z} + \dfrac{\partial w}{\partial y}\right) \\ \varepsilon_y = \dfrac{\partial v}{\partial y}, & \gamma_{zx} = \gamma_{xz} = \dfrac{1}{2}\left(\dfrac{\partial w}{\partial x} + \dfrac{\partial u}{\partial z}\right) \\ \varepsilon_z = \dfrac{\partial w}{\partial z}, & \gamma_{xy} = \gamma_{yx} = \dfrac{1}{2}\left(\dfrac{\partial u}{\partial y} + \dfrac{\partial v}{\partial x}\right) \end{cases} \tag{1-61}$$

这就是小变形时位移分量和应变分量的关系,也称为小变形应变几何方程。如果变形物体的位移场能够被确定,那么可由几何方程确定其应变场。

当采用柱坐标时,如图 1-12 所示,应变几何方程为:

$$\begin{cases} \varepsilon_\rho = \dfrac{\partial u}{\partial \rho} \\ \varepsilon_\theta = \dfrac{1}{\rho}\left(\dfrac{\partial v}{\partial \theta} + u\right) \\ \varepsilon_z = \dfrac{\partial w}{\partial z} \\ \gamma_{\theta z} = \gamma_{z\theta} = \dfrac{1}{2}\left(\dfrac{\partial v}{\partial z} + \dfrac{1}{\rho}\dfrac{\partial w}{\partial \theta}\right) \\ \gamma_{z\rho} = \gamma_{\rho z} = \dfrac{1}{2}\left(\dfrac{\partial w}{\partial \rho} + \dfrac{\partial u}{\partial z}\right) \\ \gamma_{\rho\theta} = \gamma_{\theta\rho} = \dfrac{1}{2}\left(\dfrac{1}{\rho}\dfrac{\partial u}{\partial \theta} + \dfrac{\partial v}{\partial \rho} - \dfrac{v}{\rho}\right) \end{cases} \qquad (1-62)$$

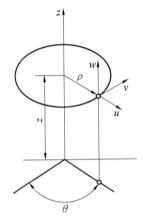

图 1-12 柱坐标中的位移分量

【**例 1-2**】 设物体内任意一点的位移分量为 $u = 10 \times 10^{-3} + 0.1 \times 10^{-3} xy + 0.05 \times 10^{-3} z$,$v = 5 \times 10^{-3} - 0.05 \times 10^{-3} x + 0.1 \times 10^{-3} yz$,$w = 10 \times 10^{-3} - 0.1 \times 10^{-3} xyz$,求点 $A(1,1,1)$ 与点 $B(0.5,-1,0)$ 的应变值。

解 由式(1-57)应变几何方程式求得应变分量为:

$$\varepsilon_x = \frac{\partial u}{\partial x} = 0.1 \times 10^{-3} y$$

$$\gamma_{xy} = \frac{1}{2}\left(\frac{\partial u}{\partial y} + \frac{\partial v}{\partial x}\right) = 0.05 \times 10^{-3} x - 0.025 \times 10^{-3}$$

$$\varepsilon_y = \frac{\partial v}{\partial y} = 0.1 \times 10^{-3} z$$

$$\gamma_{yz} = \frac{1}{2}\left(\frac{\partial v}{\partial z} + \frac{\partial w}{\partial y}\right) = 0.05 \times 10^{-3} y - 0.05 \times 10^{-3} xz$$

$$\varepsilon_z = \frac{\partial w}{\partial z} = -0.1 \times 10^{-3} xy$$

$$\gamma_{zx} = \frac{1}{2}\left(\frac{\partial w}{\partial x} + \frac{\partial u}{\partial z}\right) = 0.025 \times 10^{-3} - 0.05 \times 10^{-3} yz$$

将点 A 的坐标值($x=1, y=1, z=1$)代入上式,得到点 A 处的应变值:

$$\varepsilon_x = 0.1 \times 10^{-3}, \quad \gamma_{xy} = 0.05 \times 10^{-3} - 0.025 \times 10^{-3} = 0.025 \times 10^{-3}$$

$$\varepsilon_y = 0.1 \times 10^{-3}, \quad \gamma_{yz} = 0$$

$$\varepsilon_z = -0.1 \times 10^{-3}, \quad \gamma_{zx} = -0.025 \times 10^{-3}$$

将点 B 的坐标值($x=0.5, y=-1, z=0$)代入可求得点 B 处的应变值:

$$\varepsilon_x = -0.1 \times 10^{-3}, \quad \gamma_{xy} = 0$$

$$\varepsilon_y = 0, \quad \gamma_{yz} = -0.05 \times 10^{-3}$$

$$\varepsilon_z = 0.05 \times 10^{-3}, \quad \gamma_{zx} = 0.025 \times 10^{-3}$$

1.8.2 应变连续方程

由小变形几何方程可知,六个应变分量取决于三个位移分量,所以六个应变分量不能是任意的,它们之间必然存在一定的关系,这种关系称为应变连续方程或应变协调方程。应变连续方程有两组共六式,其推导如下。

一组为每个坐标平面内应变分量之间满足的关系。例如,在 xOy 坐标平面内,将几何方程式(1-61)中的 ε_x 对 y 求两次偏导数,ε_y 对 x 求两次偏导数得

$$\frac{\partial^2 \varepsilon_x}{\partial y^2} = \frac{\partial^2}{\partial x \partial y}\left(\frac{\partial u}{\partial y}\right), \quad \frac{\partial^2 \varepsilon_y}{\partial x^2} = \frac{\partial^2}{\partial x \partial y}\left(\frac{\partial v}{\partial x}\right) \tag{1-63}$$

两式相加得

$$\frac{\partial^2 \varepsilon_x}{\partial y^2} + \frac{\partial^2 \varepsilon_y}{\partial x^2} = \frac{\partial^2}{\partial x \partial y}\left(\frac{\partial u}{\partial y}\right) + \frac{\partial^2}{\partial x \partial y}\left(\frac{\partial v}{\partial x}\right) = \frac{\partial^2}{\partial x \partial y}\left(\frac{\partial u}{\partial y} + \frac{\partial v}{\partial x}\right) = 2\frac{\partial^2 \gamma_{xy}}{\partial x \partial y} \tag{1-64}$$

用同样方法还可求出其他两式,连同上式共得下列三式:

$$\begin{cases} \dfrac{1}{2}\left(\dfrac{\partial^2 \varepsilon_x}{\partial y^2} + \dfrac{\partial^2 \varepsilon_y}{\partial x^2}\right) = \dfrac{\partial^2 \gamma_{xy}}{\partial x \partial y} \\ \dfrac{1}{2}\left(\dfrac{\partial^2 \varepsilon_y}{\partial z^2} + \dfrac{\partial^2 \varepsilon_z}{\partial y^2}\right) = \dfrac{\partial^2 \gamma_{yz}}{\partial y \partial z} \\ \dfrac{1}{2}\left(\dfrac{\partial^2 \varepsilon_z}{\partial x^2} + \dfrac{\partial^2 \varepsilon_x}{\partial z^2}\right) = \dfrac{\partial^2 \gamma_{zx}}{\partial z \partial x} \end{cases} \tag{1-65}$$

式(1-65)表明,在一个坐标平面内,两个线应变分量一经确定,则切应变分量也就被确定。

另一组为不同坐标平面内应变分量之间应满足的关系。将式(1-61)中的 ε_x 对 y、z 求偏导,ε_y 对 z、x 求偏导,ε_z 对 x、y 求偏导,并将切应变分量 γ_{xy}、γ_{yz}、γ_{zx} 分别对 z、x、y 求偏导,得

$$\frac{\partial^2 \varepsilon_x}{\partial y \partial z} = \frac{\partial^3 u}{\partial x \partial y \partial z} \tag{1-66}$$

$$\frac{\partial^2 \varepsilon_y}{\partial z \partial x} = \frac{\partial^3 v}{\partial x \partial y \partial z} \quad (1-67)$$

$$\frac{\partial^2 \varepsilon_z}{\partial x \partial y} = \frac{\partial^3 w}{\partial x \partial y \partial z} \quad (1-68)$$

$$\frac{\partial \gamma_{yz}}{\partial x} = \frac{1}{2}\left(\frac{\partial^2 v}{\partial z \partial x} + \frac{\partial^2 w}{\partial x \partial y}\right) \quad (1-69)$$

$$\frac{\partial \gamma_{zx}}{\partial y} = \frac{1}{2}\left(\frac{\partial^2 w}{\partial x \partial y} + \frac{\partial^2 u}{\partial x \partial y}\right) \quad (1-70)$$

$$\frac{\partial \gamma_{xy}}{\partial z} = \frac{1}{2}\left(\frac{\partial^2 u}{\partial y \partial z} + \frac{\partial^2 v}{\partial x \partial z}\right) \quad (1-71)$$

将式(1−69)和式(1−70)相加再减去式(1−71)得

$$\frac{\partial \gamma_{yz}}{\partial x} + \frac{\partial \gamma_{zx}}{\partial y} - \frac{\partial \gamma_{xy}}{\partial z} = \frac{\partial^2 w}{\partial x \partial y} \quad (1-72)$$

再将式(1−72)对 z 求偏导,并进行类比推导可得

$$\begin{cases} \dfrac{\partial}{\partial z}\left(\dfrac{\partial \gamma_{yz}}{\partial x} + \dfrac{\partial \gamma_{zx}}{\partial y} - \dfrac{\partial \gamma_{xy}}{\partial z}\right) = \dfrac{\partial^2 \varepsilon_z}{\partial x \partial y} \\ \dfrac{\partial}{\partial y}\left(\dfrac{\partial \gamma_{xy}}{\partial z} + \dfrac{\partial \gamma_{yz}}{\partial x} - \dfrac{\partial \gamma_{zx}}{\partial y}\right) = \dfrac{\partial^2 \varepsilon_y}{\partial z \partial x} \\ \dfrac{\partial}{\partial x}\left(\dfrac{\partial \gamma_{zx}}{\partial y} + \dfrac{\partial \gamma_{xy}}{\partial z} - \dfrac{\partial \gamma_{yz}}{\partial x}\right) = \dfrac{\partial^2 \varepsilon_x}{\partial y \partial z} \end{cases} \quad (1-73)$$

式(1−73)表明,在三维空间内三个切应变分量一经确定,则线应变分量也就被确定。

应变连续方程的物理意义在于:只有当应变分量之间的关系满足上述应变连续方程时,物体变形后才是连续的;否则,变形后会出现"撕裂"或"重叠"现象,破坏变形物体的连续性。

需要指出的是:如果已知位移分量 u_i,则由几何方程求得的应变分量 ε_{ij} 自然满足连续方程。但若用其他方法求得应变分量,则只有当它们满足连续方程时,才能由几何方程式(1−61)求得正确的位移分量。

【例 1−3】 设 $\varepsilon_x = a(x^2 - y^2)$,$\varepsilon_y = axy$,$\gamma_{xy} = 2bxy$,其中 a,b 为常数,试问上述应变场在什么情况下成立?

解 应变场成立必须满足式(1−65)的变形连续方程,根据给定的 ε_x、ε_y 和 γ_{xy},可求得

$$\frac{\partial^2 \varepsilon_x}{\partial y^2} = -2a, \quad \frac{\partial^2 \varepsilon_y}{\partial x^2} = 0, \quad \frac{\partial^2 \gamma_{xy}}{\partial x \partial y} = -2b$$

代入应变连续方程得

$$a = -2b$$

这就是说,给定应变场只有在 $a = -2b$ 时才成立。

确定变形物体的位移场函数后,将其对时间求导,可得变形物体的速度场,再将速度

分量代替位移分量带入几何方程中,可得变形物体的应变速率分量,也可以由位移场通过几何方程求得应变场,再将应变场函数对时间求导,求得应变速率分量。一点的应变速率也是一个二阶对称张量,称为应变速率张量。应变速率表示变形程度变化得快慢,不要与工具或模具的移动速度相混淆,应变速率张量公式为

$$\dot{\varepsilon}_{ij} = \begin{bmatrix} \dot{\varepsilon}_x & \dot{\gamma}_{xy} & \dot{\gamma}_{xz} \\ \dot{\gamma}_{yx} & \dot{\varepsilon}_y & \dot{\gamma}_{yz} \\ \dot{\gamma}_{zx} & \dot{\gamma}_{zy} & \dot{\varepsilon}_z \end{bmatrix} \quad (1-74)$$

1.9 应力应变关系及物理方程

应力与应变之间的关系,通常称为本构关系或本构方程或物理方程。材料的应力应变关系是一种客观存在,必须通过实验得以认知。物理方程就是建立在实验测试基础上的。

1.9.1 应力应变曲线

材料在外力作用下,要产生变形,从变形开始到破坏一般要经历两个阶段,即弹性变形阶段和塑性变形阶段。根据材料特性的不同,有的弹性变形阶段较明显,而塑性变形阶段不明显,像一般的脆性材料那样,往往弹性阶段后紧跟着就破坏。有的则弹性变形阶段不明显,塑性变形阶段比较明显。不过大部分金属材料都呈现出明显的弹性变形阶段和塑性变形阶段。

金属材料的上述弹性与塑性性质可用简单拉伸试验来说明。图 1-13 所示为低碳钢试件简单拉伸试验应力应变曲线。其中 A 点所对应的应力 σ_A 称为比例极限,A 点以下 OA 段为直线。B 点所对应的应力 σ_0 为弹性极限,标志着弹性变形阶段终止及塑性变形阶段开始,亦称为屈服极限,σ_0 称为屈服应力。当应力超过 σ_A 时,应力应变关系不再是直线关系,但仍属弹性阶段。BC 段称为塑性平台。在 BC 段上,在应力不变的情况下可继续发生变形,通常称为塑性流动。当应力达到 σ_D 时,如卸载,则应力应变关系自 D 点沿 DE 到达 E 点,OE 为塑性应变部分,EF 为弹性应变部分。就是说,总应变等于弹性部分应变和塑性部分应变之和。

若在 D 点卸载后重新加载,则当 $\sigma < \sigma_D$ 时,材料呈弹性性质,当 $\sigma > \sigma_D$ 时才重新进入塑性阶段。这就相当于提高了屈服应力。材料在产生塑性变形以后,相应地增加了材料内部对变形的抵抗能力或流动应力,这种性质称为形变强化。

应当指出,图 1-13 所示的曲线是低碳钢拉伸时的应力应变曲线,绝大多数金属与合金拉伸时并不出现屈服平台,如图 1-14 所示,此时人为规定产生残余应变为 0.2% 的应力 $\sigma_{0.2}$ 为屈服点,应力超过此值则为塑性区应力,小于此值为弹性区应力。

弹性变形是可逆的,物体在变形过程中所贮存起来的能量在卸载过程中将全部释放出来,物体的变形可完全恢复到原始状态。线性弹性力学只讨论应力应变关系服从 OA

直线段变化规律的问题。塑性力学则讨论材料在屈服后、破坏前的弹塑性阶段的力学问题。

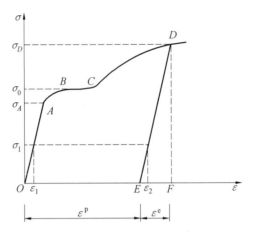

图 1-13　低碳钢拉伸应力应变曲线

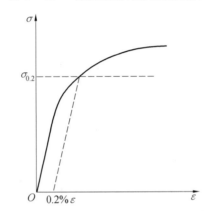

图 1-14　绝大多数金属与合金拉伸应力应变曲线

（1）假定固体材料是连续介质。

就是说，这种介质无空隙地分布于物体所占的整个空间。这一假定显然与介质是由不连续的粒子所组成的观点相矛盾。但采用连续性假定，不仅是为了避免数学上的困难，更重要的是根据这一假定所作出的力学分析，被广泛的实验与工程实践所证实是正确的。根据连续性假定，用以表征物体变形和内力分布的量，就可以用坐标的连续函数来表示。

（2）物体为均匀的各向同性的。

认为物体内各点介质的力学特性相同，且各点的各方向的性质也相同，也就是说，表征这些特性的物理参数在整个物体内是不变的。

描述材料应力应变关系的公式有很多，在单向受力条件下，比较常见的表达式是：

$$\sigma = K\varepsilon^n \dot{\varepsilon}^m e^{-\frac{Q}{RT}} \tag{1-75}$$

式中，σ 为真实应力；K 为材料常数；n 为材料硬化系数；m 为应变速率敏感系数；Q 为激活能；R 为气体普适常数；T 为温度。

用这样的公式来近似表达材料的应力应变关系，在一定条件下是可以的。一般情况下，这样的数学表达式要有 3 到 5 个未知数，而且针对不同材料、不同状态，这些未知数是不一样的。实际上，材料的应力应变关系主要受温度和应变速率的影响。针对不同的材料，若用公式来表达材料的应力应变关系，就要选择不同的表达式。

1.9.2 应力应变关系的物理方程

1. 弹性物理方程

当材料变形处于弹性阶段时，其应力应变关系是弹性物理方程，可以近似简化为线性关系，用广义虎克定律表达。

在三向应力状态下，弹性状态的应力应变关系可以用广义虎克定律表示：

$$\begin{cases} \varepsilon_x = \frac{1}{E}[\sigma_x - \mu(\sigma_y + \sigma_z)]; \gamma_{yz} = \gamma_{zy} = \frac{\tau_{yz}}{2G} \\ \varepsilon_y = \frac{1}{E}[\sigma_y - \mu(\sigma_z + \sigma_x)]; \gamma_{zx} = \gamma_{xz} = \frac{\tau_{zx}}{2G} \\ \varepsilon_z = \frac{1}{E}[\sigma_z - \mu(\sigma_x + \sigma_y)]; \gamma_{xy} = \gamma_{yx} = \frac{\tau_{xy}}{2G} \end{cases} \quad (1-76)$$

或

$$\frac{\varepsilon_x - \varepsilon_m}{\sigma_x - \sigma_m} = \frac{\varepsilon_y - \varepsilon_m}{\sigma_y - \sigma_m} = \frac{\varepsilon_z - \varepsilon_m}{\sigma_z - \sigma_m} = \frac{\gamma_{xy}}{\tau_{xy}} = \frac{\gamma_{yz}}{\tau_{yz}} = \frac{\gamma_{zx}}{\tau_{zx}} = \frac{1}{2G} \quad (1-77)$$

式中，ε_m 为平均应变；σ_m 为平均应力；E 为弹性模量；μ 为泊松比；G 为切变模量。G、E、μ 三个常数之间有以下关系：

$$G = \frac{E}{2(1+\mu)} \quad (1-78)$$

弹性应力应变关系具有如下特点：

① 应力与应变成线性关系；
② 弹性变形是可逆的，加载与卸载的规律完全相同；
③ 弹性变形时应力球张量使物体产生体积变化，泊松比 $\mu < 0.5$；
④ 应力主轴与应变主轴重合。

2. 塑性物理方程

当材料变形处于塑性阶段时，其应力应变关系是塑性物理方程，相对弹性阶段而言复杂一些，可由增量理论或全量理论来表达。

塑性变形时，单向受力条件下的应力应变关系可用单向拉伸或压缩试验测试曲线表示，但在两向以上应力作用时的复杂应力状态下，应力与应变的关系是相当复杂的。一些学者曾提出了一些描述塑性状态下应力应变关系的理论。其中常用的有增量理论和全量理论。

(1) 增量理论。

增量理论是处理材料处于塑性状态时应力与应变增量之间关系的一种方法。增量理论可表述如下，塑性变形时应变增量正比于应力偏量，即

$$\frac{\mathrm{d}\varepsilon_x}{\sigma_x-\sigma_\mathrm{m}}=\frac{\mathrm{d}\varepsilon_y}{\sigma_y-\sigma_\mathrm{m}}=\frac{\mathrm{d}\varepsilon_z}{\sigma_z-\sigma_\mathrm{m}}=\frac{\mathrm{d}\gamma_{xy}}{\tau_{xy}}=\frac{\mathrm{d}\gamma_{yz}}{\tau_{yz}}=\frac{\mathrm{d}\gamma_{zx}}{\tau_{zx}}=\mathrm{d}\lambda \quad (1-79)$$

或

$$\frac{\mathrm{d}\varepsilon_1}{\sigma_1-\sigma_\mathrm{m}}=\frac{\mathrm{d}\varepsilon_2}{\sigma_2-\sigma_\mathrm{m}}=\frac{\mathrm{d}\varepsilon_3}{\sigma_3-\sigma_\mathrm{m}}=\mathrm{d}\lambda \quad (1-80)$$

还可以写成广义表达式：

$$\begin{cases}\mathrm{d}\varepsilon_x=\frac{2}{3}\mathrm{d}\lambda\left[\sigma_x-\frac{1}{2}(\sigma_y+\sigma_z)\right],\quad \mathrm{d}\gamma_{yz}=\mathrm{d}\gamma_{zy}=\mathrm{d}\lambda\tau_{yz}\\ \mathrm{d}\varepsilon_y=\frac{2}{3}\mathrm{d}\lambda\left[\sigma_y-\frac{1}{2}(\sigma_z+\sigma_x)\right],\quad \mathrm{d}\gamma_{zx}=\mathrm{d}\gamma_{xz}=\mathrm{d}\lambda\tau_{zx}\\ \mathrm{d}\varepsilon_z=\frac{2}{3}\mathrm{d}\lambda\left[\sigma_z-\frac{1}{2}(\sigma_x+\sigma_y)\right],\quad \mathrm{d}\gamma_{xy}=\mathrm{d}\gamma_{yx}=\mathrm{d}\lambda\tau_{xy}\end{cases} \quad (1-81)$$

式中，$\mathrm{d}\lambda$ 为瞬时的比例系数，它在变形过程中是变化的，其值可按下式确定：

$$\mathrm{d}\lambda=\frac{3}{2}\frac{\mathrm{d}\bar{\varepsilon}}{\bar{\sigma}}$$

式中，$\bar{\sigma}$ 为等效应力；$\mathrm{d}\bar{\varepsilon}$ 为等效应变增量。

这里的等效应力和等效应变增量与单向应力状态下的等效应力和等效应变增量是等价的，这样就使复杂应力状态下的本构关系可以由单向应力状态下的本构关系来确定。

(2) 全量理论。

全量理论是要建立塑性变形的全量应变与应力之间的关系。对于小弹塑性变形，可以认为应力主轴与全量应变的主轴重合。而塑性变形时，只有满足简单加载条件，其应力主轴才与应变的主轴重合。所谓简单加载，是指在加载过程的任意一点的各应力分量都按同一比例增加。因此，简单加载也称比例加载。由于应力分量按同一比例增加，应力主轴的方向将固定不变，而应变增量主轴和应力主轴重合，所以应力主轴也将保持不变，在这种情况下，对应变增量进行积分变可得到全量应变。

在不考虑弹性变形的情况下，全量理论认为，全量应变与相应的应力偏量分量成正比，即

$$\frac{\varepsilon_x}{\sigma_x-\sigma_\mathrm{m}}=\frac{\varepsilon_y}{\sigma_y-\sigma_\mathrm{m}}=\frac{\varepsilon_z}{\sigma_z-\sigma_\mathrm{m}}=\frac{\gamma_{xy}}{\tau_{xy}}=\frac{\gamma_{yz}}{\tau_{yz}}=\frac{\gamma_{zx}}{\tau_{zx}}=\lambda \quad (1-82)$$

或

$$\frac{\varepsilon_1}{\sigma_1-\sigma_\mathrm{m}}=\frac{\varepsilon_2}{\sigma_2-\sigma_\mathrm{m}}=\frac{\varepsilon_3}{\sigma_3-\sigma_\mathrm{m}}=\lambda \quad (1-83)$$

还可以写成广义表达式：

$$\begin{cases} \varepsilon_x = \dfrac{2}{3}\lambda\left[\sigma_x - \dfrac{1}{2}(\sigma_y+\sigma_z)\right]; \ \gamma_{yz}=\gamma_{zy}=\lambda\tau_{yz} \\ \varepsilon_y = \dfrac{2}{3}\lambda\left[\sigma_y - \dfrac{1}{2}(\sigma_z+\sigma_x)\right]; \ \gamma_{zx}=\gamma_{xz}=\lambda\tau_{zx} \\ \varepsilon_z = \dfrac{2}{3}\lambda\left[\sigma_z - \dfrac{1}{2}(\sigma_x+\sigma_y)\right]; \ \gamma_{xy}=\gamma_{yx}=\lambda\tau_{xy} \end{cases} \quad (1-84)$$

式中,σ_m 为平均应力;λ 为比例系数,它在变形过程中是变化的,只在变形的某一瞬时为一定值:

$$\lambda = \frac{3}{2}\frac{\bar{\varepsilon}}{\bar{\sigma}} \quad (1-85)$$

式中,$\bar{\sigma}$ 为等效应力;$\bar{\varepsilon}$ 为等效应变。

上述理论中,全量理论表示了塑性变形终了时主应变与主应力之间的关系,而增量理论表示了在塑性变形的某一瞬间应变增量与主应力之间的关系,经过沿加载路线积分便可把变形过程的特点反映出来,所以它更接近于实际情况。塑性成形问题一般都可以应用增量理论进行分析。对于小变形的情况,或者塑性变形过程中主应力方向不变,而且各应力间的比例关系也保持不变时,全量理论和增量理论的计算结果是一致的,在这种情况下可以应用全量理论。

严格地说,所谓增量理论和全量理论只是一种假设或一种处理方法,更清楚的说法应该是塑性变形阶段本构关系的增量处理方法或全量处理方法,本质上都是假设各主应变或主应变增量与应力偏量之间的比例关系。现阶段这两种方法都是以假设的形式进入材料变形力学体系之中的,而且实际使用中也证明了其正确性。

因此塑性变形时应力应变关系有如下特点:
① 应力与应变之间的关系是非线性的;
② 塑性变形是不可恢复的,是不可逆的关系;
③ 塑性变形可以认为体积不变,应变球张量为零,因此泊松比 $\mu=0.5$;
④ 全量应变主轴与应力主轴一般不重合。

第 2 章 传统的应变测量方法

在机械工程中,应变的测量非常重要,通过应变测量可以分析零件或结构的受力状态及工作状态的可靠性,验证设计计算结果的正确性,确定整机在实际工作时的负载情况等。由于这些测量是研究某些物理现象机理的重要手段之一,因此它对发展设计理论,保证设备的安全运行,以及实现自动检测、自动控制等都具有重要的意义。

2.1 应变电测法的测量原理

1. 应变测量原理

传统的应变测量在工程中常见的测量方法是应变电测法,它是通过电阻应变片,先测出构件表面的应变,再根据应力、应变的关系式来确定构件表面应力状态的一种试验应力分析方法。这种方法的主要特点是测量精度高,变换后得到的电信号可以很方便地进行传输和各种变换处理,并可进行连续的测量和记录或直接和计算机数据处理系统相连接等。

应变电测法的测量系统主要由电阻应变片、测量电路、显示与记录仪器或计算机等设备组成,如图 2-1 所示。

图 2-1 应变测量原理框图

应变电测法的基本原理是:把所使用的应变片按构件的受力情况,合理地粘贴在被测构件变形的位置上,当构件受力产生变形时,应变片敏感栅也随之变形,敏感栅的电阻发生相应的变化。其变化量的大小与构件变形成一定的比例关系,通过测量电路(如电阻应变测量装置)转换为与应变成比例的模拟信号,经过分析处理,最后得到受力后的应变或其他的物理量。因此任何物理量只要能设法转换为应变,都可利用应变片进行间接制量。

2. 应变测量装置

应变测量装置也称电阻应变仪。一般采用调幅放大电路,它由电桥、前置放大器、功率放大器、相敏检波器,低通滤波器、振荡器、稳压电源组成,如图 2-2 所示。电阻应变仪将应变片的电阻变化转换为电压(或电流)的变化,然后通过放大器将此微弱的电压(或电流)信号进行放大,以便指示和记录。

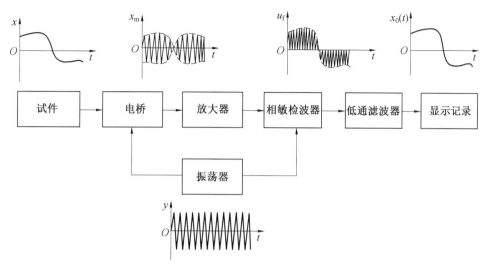

图 2-2 电阻应变仪框图

电阻应变仪中的电桥是将电阻、电感、电容等参量的变化转换为电压或电流输出的一种测量电路。其输出既可用指示仪表直接测量,也可以送入放大器进行放大。桥式测量电路简单,具有较高的精度和灵敏度,在测量装置中被广泛应用。

通常,交流电桥应变仪的电桥由振荡器产生的数千赫兹的正弦交流电作为供桥电压。在电桥中,载波信号被应变信号调制,电桥输出的调幅信号经交流放大器放大、相敏检波器解调和滤波器滤波后输出。这种应变仪能较容易地解决仪器的稳定问题,结构简单,对元件的要求较低。大部分应变仪都属于这种类型。

根据被测应变的性质和工作频率的不同,可采用不同的应变仪。对于静态载荷作用下的应变,以及变化十分缓慢或变化后能很快稳定下来的应变,可采用静态电阻应变仪。对于以静态应变测量为主,兼做 200 Hz 以下的低频动态测量,可采用静动态低电阻应变仪。对于 0~2 kHz 范围的动态应变,采用动态电阻应变仪,这类应变仪通常具有 4~8 个通道。对于测量 0~20 kHz 的动态过程和爆炸、冲击等瞬态变化过程,则采用超动态电阻应变仪。

3. 应变仪的特性

应变仪中多采用交流电桥,电源以载波频率供电,4 个桥臂均由电阻组成,由可调电容来平衡分布电容。电桥输出电压用式(2-1) 来计算:

$$u_0 = \frac{u_e}{4}\left(\frac{\Delta R_1 - \Delta R_2 + \Delta R_3 - \Delta R_4}{R}\right) \tag{2-1}$$

式中,R_1、R_2、R_3、R_4 分别为电桥 4 个桥臂的电阻,$R_1=R_2=R_3=R_4=R$,在力的作用下产生的电阻变化分别为 ΔR_1、ΔR_2、ΔR_3、ΔR_4;u_e 为输入电压。

当各桥臂应变片的灵敏度 S 相同时,式(2-1) 可改写为:

$$u_0 = \frac{u_e}{4}S(\varepsilon_1 - \varepsilon_2 + \varepsilon_3 - \varepsilon_4) \tag{2-2}$$

式中，ε_1、ε_2、ε_3、ε_4 分别为 4 个桥臂上应变片的应变。

这就是电桥的和差特性。应变仪电桥的工作方式和输出电压如表 2-1 所示。

表 2-1　应变仪电桥工作方式和输出电压

工作方式	单臂	双臂	四臂
应变片所在桥臂	R_1	R_1,R_2	R_1,R_3,R_2,R_4
输出电压 u_0	$1/4(u_e S\varepsilon)$	$1/2(u_e S\varepsilon)$	$u_e S\varepsilon$

2.2　应变片的布置及选择

1. 应变片的布置

应变片粘贴于试件后所感受的是试件表面的拉应变或压应变，应变片的布置和电桥的连接方式应根据测量的目的、对载荷分布的估计而定，这样才能便于利用电桥的和差特性达到只测出所需测的应变而排除其他因素干扰的目的。例如，在测量复合载荷作用下的应变时，就需应用应变片的布置和接桥方法来消除相互影响的因素。因此，布片和接桥应符合下列原则：在分析试件受力的基础上选择主应力最大点为贴片位置；充分合理地应用电桥和差特性，只使需要测的应变影响电桥的输出，且有足够的灵敏度和线性度；使试件贴片位置的应变与外载荷具有线性关系。

（1）拉伸（压缩）应变测量。

表 2-2 所示为拉伸（压缩）应变测试的应变片的布置和接桥方法，从表中可以看出，应变片不同的布置和接桥方法会使灵敏度、温度补偿情况和能否消除弯矩的影响不同。一般应优先选用输出信号大、能实现温度补偿、贴片方便和便于分析的方案。

表 2-2　拉伸（压缩）应变测试的应变片布置和接桥方法

序号	受力状态简图	应变片的数量	电桥组合形式		温度补偿情况	电桥输出电压	测量项目及应变值	特点
			电桥形式	电桥接法				
1	$F \rightarrow [R_1] \leftarrow F$；$R_2$（补偿片）	2	半桥式		另设补偿片	$u_0 = \dfrac{1}{4} u_e S\varepsilon$	拉（压）应变 $\varepsilon = \varepsilon_i$	不能消除弯矩的影响
2	R_1—A，B，R_2—C	2	半桥式	R_1、R_2 接 a、b、c	互为补偿	$u_0 = \dfrac{1}{4} u_e S\varepsilon (1+\mu)$	拉（压）应变 $\varepsilon = \dfrac{\varepsilon_i}{(1+\mu)}$	输出电压提高 $(1+\mu)$ 倍，不能消除弯矩的影响

续表2—2

序号	受力状态简图	应变片的数量	电桥形式	电桥组合形式 电桥接法	温度补偿情况	电桥输出电压	测量项目及应变值	特点
3	$F \leftarrow \boxed{R_1 \atop R_2} \rightarrow F$	4	半桥式	R_1—R_2—a；b；R_1—R_2—c	另设补偿片	$u_0 = \frac{1}{4}u_e S\varepsilon$	拉（压）应变 $\varepsilon = \varepsilon_i$	可以消除弯矩的影响
4		4	全桥式	R_1, R_1', R_2', R_2 电桥	另设补偿片	$u_0 = \frac{1}{2}u_e S\varepsilon$	拉（压）应变 $\varepsilon = \frac{\varepsilon_i}{2}$	输出电压提高一倍，可以消除弯矩的影响
5	$F \leftarrow \boxed{R_2 \; R_1 \atop R_4 \; R_3} \rightarrow F$	4	半桥式	R_1, R_2 电桥 a,b,c	互为补偿	$u_0 = \frac{1}{4}u_e S\varepsilon(1+\mu)$	拉（压）应变 $\varepsilon = \frac{\varepsilon_i}{(1+\mu)}$	输出电压提高 $(1+\mu)$ 倍，能消除弯矩的影响
6	$F \leftarrow \boxed{R_2(R_4) \; R_1(R_3)} \rightarrow F$	4	全桥式	R_1, R_2, R_4, R_3 电桥	互为补偿	$u_0 = \frac{1}{2}u_e S\varepsilon(1+\mu)$	拉（压）应变 $\varepsilon = \frac{\varepsilon_i}{2(1+\mu)}$	输出电压提高 $2(1+\mu)$ 倍，能消除弯矩的影响

注：S—应变片的灵敏度；u_e—供桥电压；v—被测件的泊松比；ε_i—应变仪读数；ε—被测件的应变。

（2）弯曲应变测量。

以等强度梁为例，在受垂直于梁臂方向的 F 作用下，产生挠度和弯矩，在梁的上下表面形成大小相等、方向相反的应变。表2—3所示为弯曲应变测试的应变片布置和接桥方法。从表中可以看出，不同的布片组桥方式会使电桥输出电压、温度补偿情况和能否消除拉伸的影响不同。

表 2－3 弯曲应变测试的应变片布置和接桥方法

序号	受力状态简图	应变片的数量	电桥组合形式		温度补偿情况	电桥输出电压	测量项目及应变值	特点
			电桥形式	电桥接法				
1	$M(\,R_1\,)M$，R_2	2	半桥式		R_2 与 R_1 同温	$u_0 = \frac{1}{4}u_e S\varepsilon$	弯曲最大应变 $\varepsilon = \varepsilon_i$	不能消除拉伸的影响
2	$M(\,R_2\,R_1\,)M$，$R_2\,R_1$	2	半桥式	R_1——R_2，a b c	互为补偿	$u_0 = \frac{1}{4}u_e S\varepsilon(1+\mu)$	弯曲最大应变 $\varepsilon = \frac{\varepsilon_i}{(1+\mu)}$	输出电压提高 $(1+\mu)$ 倍，不能消除拉伸的影响
3	$M(\,R_1 / R_2\,)M$，$R_1(R_2)$	2	半桥式	R_1—a，b，R_2—c	互为补偿	$u_0 = \frac{1}{2}u_e S\varepsilon$	弯曲最大应变 $\varepsilon = \frac{\varepsilon_i}{2}$	输出电压提高一倍，可以消除拉伸的影响
4	$M(\,R_2\,R_1 / R_4\,R_3\,)M$，$R_2(R_4)$ $R_1(R_3)$	4	全桥式	桥式 a-b-c-d，R_1,R_3,R_2,R_4	互为补偿	$u_0 = \frac{1}{2}u_e S\varepsilon(1+\mu)$	弯曲最大应变 $\varepsilon = \frac{\varepsilon_i}{2(1+\mu)}$	输出电压提高 $2(1+\mu)$ 倍，可以消除拉伸的影响

注：S—应变片的灵敏度；u_e—供桥电压；μ—被测件的泊松比；ε_i—应变仪读数；ε—被测件的应变。

(3) 扭转应变测量。

圆轴在扭矩作用下，表面各点都为纯切应力状态，其主应力大小及方向如图 2—3 所示。在与轴线成 45°(或 －45°)方向的面上，有最大拉应力 σ_1 和最大压应力 σ_3，且 $\sigma_1 = \sigma_3 = \tau$。

如果组成半桥,则电桥输出 $u_0 = \frac{1}{2}u_e S \varepsilon$。

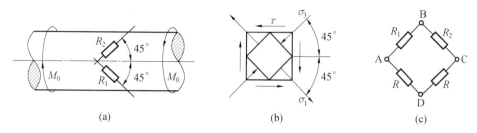

图 2-3 扭转应变的测量

(4) 其他复杂受力状况下应变测量。

表 2-4 所列为复杂受力状况下的应变测量,包括拉(压)扭转组合变形下分别测量扭转主应变和拉(压)应变,以及扭弯组合变形下分别测量扭转主应变和弯曲应变。

表 2-4 复杂受力状况下的应变测量

变形形式	需测应变	应变片的粘贴位置	电桥连接方法	测量应变与仪器读数应变间的关系	备注
拉(压)扭转组合	扭转主应变	![贴片位置图]	![电桥图]	$\varepsilon = \dfrac{\varepsilon_i}{2}$	R_1 和 R_2 均为工作片
	拉压	![贴片位置图]	![电桥图]	$\varepsilon = \dfrac{\varepsilon_i}{1+\mu}$	R_1、R_2、R_3、R_4 均为工作片
			![电桥图]	$\varepsilon = \dfrac{\varepsilon_i}{2(1+\mu)}$	R_1、R_2、R_3、R_4 均为工作片

续表2—4

变形形式	需测应变	应变片的粘贴位置	电桥连接方法	测量应变与仪器读数应变间的关系	备注
扭弯组合	扭转主应变			$\varepsilon = \dfrac{\varepsilon_i}{4}$	R_1、R_2、R_3、R_4 均为工作片
	弯曲			$\varepsilon = \dfrac{\varepsilon_i}{2}$	R_1 与 R_2 均为工作片

注：ε_i—应变仪读数；ε—被测件的应变。

2. 应变片的选择

应变片是应变测试中最重要的传感器，应用时应根据试件的测试要求及状况、试验环境等因素来选择和粘贴应变片。

(1) 试件的测试要求。

应变片的选择应从满足测试精度、所测应变的性质等方面考虑。例如，动态应变的测试一般应选用电阻大、疲劳寿命长、频响特性好的应变片。同时，由于应变片实际测得的是栅长范围内分布应变的均值，要使其均值接近测点的真实应变，在应变梯度较大的测试中应尽量选用短基长的应变片。而对于小应变的测试宜选用高灵敏度的半导体应变片，测大应变时应采用康铜丝制成的应变片。为保证测试精度，一般以采用胶基、康翔丝制成敏感栅的应变片为好。当测试线路中有各种易使电阻发生变化的开关、继电器等器件时，则应选用大电阻的应变片以减少接触电阻变化引起的测试误差。

(2) 试验环境与试件的状况。

试验环境对应变测试的影响主要是通过改变温度、湿度等因素起作用。因此，选用具有温度自动补偿功能的应变片显得十分重要。湿度过大会使应变片受潮，导致绝缘电阻减小，产生漂移等。在湿度较大的环境中测试，应选用防潮性能较好的胶膜应变片。试件本身的状况同样是选用应变片的重要依据之一。对于材质不均匀的试件，如铸铝、混凝土等，由于其变形极不均匀，应选用大基长的应变片。对于薄壁构件则最好选用特殊结构的双层应变片。

(3) 应变片的粘贴。

应变片的粘贴是应变式传感器或直接用应变片作为传感器的关键。粘贴工艺一般包括清理试件、上胶、黏合、加压、固化和检验等。黏合时,一般在应变片上盖上一层薄滤纸,先用手指加压挤出部分胶液,然后用一只手的中指及食指通过滤纸紧按应变片的引出线域,同时将另一只手的食指像滚子一样沿应变片纵向挤压,迫使气泡及多余的胶液逸出,以保证黏合的紧密性,达到黏合胶层薄、无气泡、黏结牢固、绝缘好。粘贴的各具体工艺及黏合剂的选择必须根据应变片基底材料及测试环境等条件决定。

2.3　应变电测法的应用

通过对应变的测量,可以得出其他与应变有密切关系的物理量的数值,如应力、功率、力矩、压力等,也就是先将其转变成应变的测试,然后根据与应变之间的相互关系再转换成诸如应力、功率、压力等物理量。

比如对应力的测量,在研究零件的刚度、强度,设备的力能关系和工艺参数时都要进行应力的测量。应力测量原理实际上就是先测量受力物体的变形量(也就是应变),然后根据胡克定律换算出待测力的大小。显然,这种测力方法只能用于被测构件在弹性范围内的条件下。又由于应变片只能粘贴于构件表面,所以它的应用被限定于单向或双向应力状态下构件的受力研究。尽管如此,由于该方法具有结构简单、性能稳定等优点。所以它仍是当前技术最成熟、应用最多的一种测应力的方法,能够满足机械工程中大多数情况下对应力测试的需要。

力学理论表明,某一测点的应变和应力间的量值关系是和该点的应力状态有关的,根据测点所处应力状态的不同叙述如下。

1. 单向应力状态

该应力状态下的应力 σ 与应变 ε 关系简单,由胡克定律确定为:

$$\sigma = E\varepsilon \tag{2-3}$$

式中,E 为被测件材料的弹性模量。

显然,测得应变值 ε 后,就可由式(2-3)计算出应力值,进而可根据零件的几何形状和截面尺寸计算出所受载荷的大小。在实际中,多数测点的状态都为单向应力状态或可简化为单向应力状态来处理,如受拉的二力杆、压床立柱及许多零件的边缘处。

2. 平面应力状态

在实际工作中,常常需要测量一般平面应力场内的主应力,其主应力方向可能是已知的,也可能是未知的。因此在平面应力状态下通过测试应变来确定主应力有两种情况。

(1) 已知主应力方向。

例如,承受内压的薄壁圆筒形容器的筒体,它处于平面应力状态下,其主应力方向是已知的。这时只需沿两个相互垂直的主应力方向各贴一片应变片 R_1 和 R_2,如图2-4(a)

所示;另外再设置一片温度补偿片 R_t,分别与 R_1、R_2 接成相邻半桥,如图 2-4(b) 所示,就可测得主应变 ε_1 和 ε_2,然后根据式(2-4)、(2-5)计算主应力。

$$\sigma_1 = \frac{E}{1-v^2(\varepsilon_1+v\varepsilon_2)} \quad (2-4)$$

$$\sigma_2 = \frac{E}{1-v^2(\varepsilon_2+v\varepsilon_1)} \quad (2-5)$$

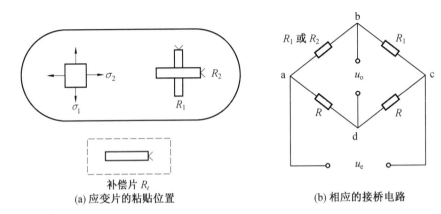

(a) 应变片的粘贴位置　　　　(b) 相应的接桥电路

图 2-4　用半桥单点测量薄壁压力容器的主应变

(2) 主应力方向未知。

一般采用贴应变花的办法进行测试。对于平面应力状态,如能测出某点三个方向的应变 ε_1、ε_2 和 ε_3,就可以计算出该点主应力的大小和方向。应变花由三个或多个按一定角度关系排列的应变片组成,如图 2-5 所示,用它可测试某点三个方向的应变,然后按有关实验应力分析资料中查得的主应力计算公式求出其大小及方向。

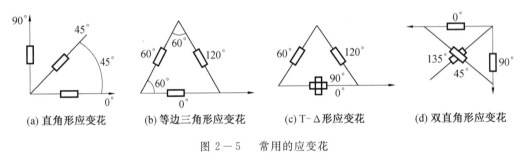

(a) 直角形应变花　　(b) 等边三角形应变花　　(c) T-Δ形应变花　　(d) 双直角形应变花

图 2-5　常用的应变花

2.4　应变电测法测量的影响因素

在实际测试中,为了保证应变测量结果的有效性,还要对影响测量精度的各种因素有所了解,并采取有针对性的措施来消除它们的影响。否则,测量将可能产生较大误差。

1. 温度的影响

测试实践表明,温度对应变测量的影响很大,必须考虑消除其影响。在一般情况下,温度变化总是同时作用到应变片和试件上的。消除由温度引起的影响,或者对它进行修正,以求出仅由载荷作用引起的真实应变的方法,称为温度补偿法。其主要方法是采用温度自补偿应变片,或采用电路补偿片,即利用电桥的和差特性,用两个同样应变片,一片为工作片,贴在试件上需要测量应变的地方,另一片为补偿片,贴在与试件同材料、同温度条件但不受力的补偿件上。由于工作片和补偿片处于相同温度的膨胀状态下,产生相等的应变。当将其分别接到电桥电路的相邻两桥臂上时,温度变化所引起的电桥输出等于零,起到了温度补偿的作用。

另外在测试操作中注意需满足以下3个条件:
① 工作片和补偿片必须是相同的;
② 补偿板和待测试件的材料必须相同;
③ 工作片和补偿片的温度条件必须是相同的或位于同一温度环境下。

在应用中,多采用双工作片或四工作片全桥的接桥方法,这样既可以实现温度互补又能提高电桥的输出。在使用电阻应变片测量应变时,应尽可能消除各种误差,以提高测试精度。

2. 贴片误差的影响

测量单项应变时,应变片的粘贴方向与理论主应力方向不一致,则实际测得应变值,不是主应力方向的真实应变值,从而产生一个附加误差。也就是说,应变片的轴线与主应变方向有偏差时,就会产生测量误差,因此在粘贴应变片时对此应给予充分的注意。

3. 工作条件的影响

在应变测量时应力求应变片实际工作条件和额定条件的一致,当应变片的灵敏度标定时的试件材料与被测材料不同时,以及应变片名义电阻与应变仪桥臂电阻不同时,都会引起误差。一定基长的应变片,有一定的允许极限频率。例如,要求测量误差不大于1%时,基长为5 mm,允许的极限频率为77 Hz,而基长为20 mm时,则极限频率只能达到19 Hz。

4. 电磁的影响

在应变测量时仪表示值抖动,大多由电磁干扰所引起,如接地不良、导线间互感、漏电、静电感应、现场附近有电焊机等强磁场干扰及雷击干扰等,应想办法排除。

5. 测点的影响

测点的选择和布置对能否正确了解结构的受力情况和实现正确的测量影响很大。测点越多,越能了解结构的应力分布状况,然而却增加了测试和数据处理的工作量和贴片误差。因此,应根据以最少的测点达到足够真实地反映结构受力状态的原则来选择测点,一般应做如下考虑。

① 预先对结构进行大致的受力分析,预测其变形形式,找出危险断面及危险位置。这些地方一般是应力最大或变形最大的部位。而最大应力一般又是在弯矩、剪力或扭矩最大的截面上。然后根据受力分析和测试要求,结合实际经验选定测点。

② 截面尺寸急剧变化的部位或因孔、槽导致应力集中的部位,应适当多布置一些测点,以便了解这些区域的应力梯度情况。

③ 如果最大应力点的位置难以确定,或者为了了解截面应力分布规律和曲线轮廓段应力过渡的情况,可在截面上或过渡段上比较均匀地布置 $5\sim7$ 个测点。

④ 利用结构与载荷的对称性,以及对结构边界条件的有关知识来布置测点,往往可以减少测点数目,减轻工作量。

⑤ 可以在不受力或已知应变、应力的位置上安排一个测点,以便在测试时进行监视和比较,有利于检查测试结果的正确性。

⑥ 防止干扰,现场测试时存在接地不良,导线分布电容、互感,电焊机等强磁场干扰或雷击等原因会导致测试结果改变,应采取措施排除。

⑦ 动态测试时,要注意应变片的频响特性,由于很难保证同时满足结构对称和受载情况对称,因此一般情况下多采用单片半桥测量。

第3章　光学应变测量原理

随着国民经济建设和国防建设的发展,大型、复杂、精密零部件的需求越来越多,对于其质量和可靠性提出了更高的要求,材料加工过程中模具和零件的尺寸精度要求越来越高,对材料成形过程中应变的分析要求更加趋于精确。

先进的检测与分析设备是开展先进材料加工以及装备制造必不可少的手段,是提高装备制造能力,材料加工与成形质量的重要保障,基于DIC(数字图像相关)技术的光学应变测量技术就是顺应这一发展需求而诞生的。

3.1　光学应变测量理论基础

光学应变测量是近年来发展非常迅速的检测与分析手段,它采用摄像方法获得几何信息,通过软件分析系统对材料的变形情况进行分析,给出应变分布,建立成形极限曲线图,用于评价板材成形性能,预见工艺过程的安全裕度,解决材料成形试模中发现的问题。

在金属成形过程中,确定变形中的应力与应变分布是十分重要的。由于材料成形时应力一般难以直接进行测量,需要间接地通过对变形和应变的测量而获得,因此,应变测量是分析板料成形性能非常有效的方法。

测量金属塑性变形中广泛采用的一种方法是网格法,它是在试件成形前,通过贴膜、印刷或光刻的方法在被测试件表面上附着一层网格,在拉、胀成形时,网格与试件一同变形,通过测量网格变形前后的尺寸,经过计算得到各点应变,反映出试件的变形场和变形程度。

3.1.1　网格形状类型

塑性成形时,不仅试件尺寸发生变化,试件形状也发生变化。对于不同部位,应变分布是不均匀的。图3-1所示为挤压时网格变化情况,原来均匀的正方形网格发生畸变,应变主轴也发生转动,这时的应变可以用变形后网格内椭圆长、短半轴尺寸与变形前内接圆半径之比来描述(图3-2),用变形前后网格尺寸的变化来表示应变。

如果变形前采用圆形网格,变形后 r_1 及 r_2 可以直接测量得出;如果变形前采用方形网格,变形后也可以从其边长变化由下式算出:

$$r_1 = \left\{ \frac{a^2+b^2}{2} + \frac{1}{2}\left[(a^2+b^2) - 4a^2b^2\sin^2\varphi\right]^{\frac{1}{2}} \right\}^{\frac{1}{2}} \qquad (3-1)$$

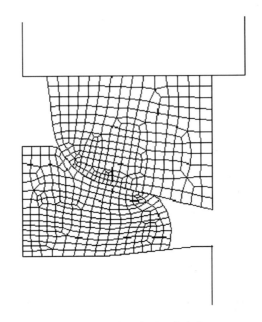

图 3-1　挤压变形网格变化

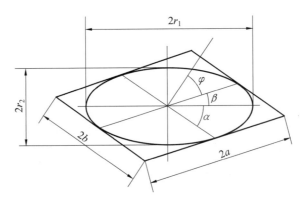

图 3-2　变形后网格内接椭圆尺寸

$$r_2 = \left\{ \frac{a^2+b^2}{2} - \frac{1}{2}\left[(a^2+b^2) - 4a^2b^2\sin^2\varphi\right]^{\frac{1}{2}} \right\}^{\frac{1}{2}} \tag{3-2}$$

如图 3-2 所示，

$$\varphi = 90° - (\alpha + \beta) \tag{3-3}$$

在进行应变网格测量前，必须先在试件上印制网格。随着网格应变测量技术的发展，网格的形式也逐渐多样化，圆形网格和方形网格是最为广泛采用的网格类型，如图 3-3 所示。圆形网格变形后图形变为椭圆，方形网格变形后图形变为长方形。

对于圆形网格，应变的计算公式如下：

$$\varepsilon_1 = \ln\frac{d_1}{d_0}, \quad \varepsilon_2 = \ln\frac{d_2}{d_0} \tag{3-4}$$

对于方形网格，应变的计算公式如下：

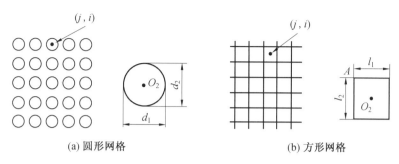

(a) 圆形网格 (b) 方形网格

图 3-3 常用网格形状

$$\varepsilon_1 = \ln \frac{l_1}{l_0}, \quad \varepsilon_2 = \ln \frac{l_2}{l_0} \tag{3-5}$$

式中，ε_1、ε_2 为应变场中测量点的真实应变；d_0、l_0 分别为圆形和方形网格变形前的原始标距长度；d_1、d_2 为圆形网格变形后的标距长度；l_1、l_2 为方形网格变形后的标距长度。

此外，还有很多其他形式的网格（如斑点网格、棋盘网格、实心网格等），用于不同的应变测量，如图 3-4 所示。

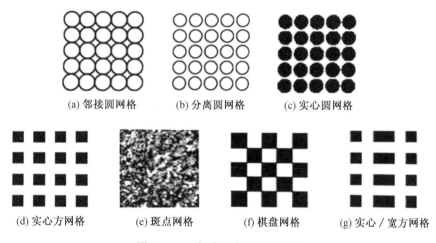

(a) 邻接圆网格 (b) 分离圆网格 (c) 实心圆网格

(d) 实心方网格 (e) 斑点网格 (f) 棋盘网格 (g) 实心/宽方网格

图 3-4 各种形式的网格形状

3.1.2 网格印制方法

网格应变分析技术不仅涉及网格应变测量技术，还涉及网格的印制技术。试件网格的印制质量直接影响测量的精度，目前应用的网格应变测量系统与网格的形式和质量密切相关。

网格印制的优劣直接影响网格应变测量的精度。网格的印制方法主要分为电化学蚀刻法、丝网印刷法和照相法。目前以丝网印刷法和电化学蚀刻法的应用较为广泛，丝网印刷法成本低，方便快捷，随着快干油墨的出现，该方法得到了较广泛的应用。但是，由于丝网印刷法印制的网格在与模具的接触中容易被擦掉，一般只适用于与模具不接触的试件。

电化学蚀刻法同样方便快捷，但由于涉及优质的网格模板、腐蚀液和变压器，成本相对较高。该方法印制的网格在与模具的接触中不易被擦掉，在目前工业生产中应用最广，图3-5所示为电化学蚀刻法在管件上印制的网格。图3-6所示为小型的电化学蚀刻法网格印制设备，主要包括各种电解液（用于不同材料）、滚筒、电极线、电源和各种网格模板。

照相法由于要使用胶卷进行摄影，目前已经很少使用。

图3-5　电化学蚀刻法印制的网格

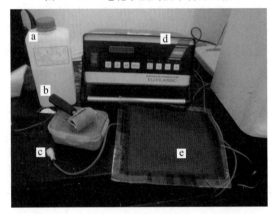

图3-6　电化学蚀刻法的网格印制设备

3.2　光学应变测量系统的构成

光学应变测量系统通常由硬件和软件两部分组成，图3-7所示为测量原理图，硬件部分主要包括CCD摄像头、图像采集卡、高分辨率显示器和计算机。用白光光源均匀照射被测试件，试件表面上已印好网格，经照相后将图像成像在CCD靶面上，CCD将强光信号转换成电信号后形成数字图像存储在记忆卡中。软件部分（算法）包括摄像机标定、图像采集、图像预处理、图像特征提取以及应变参数计算等功能模块。

首先在计算机里通过软件对所拍摄的被测试件的照片进行一系列的处理，如降噪、二值化和骨架化等，识别、提取出网格线的特征点，然后把特征点的投影平面内坐标值转化为空间坐标值，进而可以计算出变形前后网格的变化，通过算法反映出被测试件的变形场和变形程度，显示出各个方向上的应变具体数值和分布情况。图3-8所示为早期的网格应变测试系统。

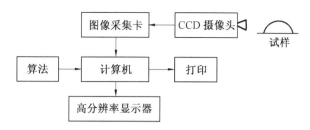

图 3－7　网格应变测量原理图

图 3－8　早期的网格应变测试系统

3.3　光学应变测量分析方法

3.3.1　网格图像的处理方法

在网格法测量应变的研究中,通过硬件系统采集到的图像首先要进行预处理来滤除随机噪声,以减少对后续测量步骤的影响,提高应变测量的精度。消除噪声影响是图像处理中的一个重要方面。最基本的两种去噪方法是均值滤波和中值滤波。随着研究的深入,人们在这两种方法上做了许多改进,同时也将一些新的技术应用于消除噪声,如模糊理论、神经网络、小波变换等。这些方法在不同程度上增强了去噪效果,但也带来了运算复杂、适用面窄等缺点。

采用均值滤波去除噪声,其基本思想是用几个像素灰度的平均值来代替突变像素的灰度,取得了良好的效果。但随着邻域的加大,图像的模糊程度也愈加严重,为了克服这一缺点,可采用阈值法减少由于邻域平均所产生的模糊效应。

经过去除噪声处理的图像中包含有许多不需要的信息,图像处理的目标是得到网格线,也就是要将网格线和背景分开,这就需要对网格图像进行二值化处理,得到一张黑白分明的图像。

对图像进行二值化处理的关键是阈值的选择与确定。但是不同的阈值设定方法对一幅图像进行处理会产生不同的处理结果。二值化阈值设置过小易产生噪声;阈值设置过大会降低分辨率,使非噪声信号被视为噪声而被过滤掉。研究表明合适的阈值选取方法应满足不受图像质量及图像类型的限制、能保留足够的图像特征信息、可实现对不同图像阈值的自动化选择的要求。

为了处理同一幅图像中亮度不均匀的区域,减少由于拍照时光照不均匀带来的影响,在图像灰度增强处理中,运用了动态单阈值法,即把图像分成小块,并对每一块设定局部的单一阈值,在局部小范围内用单阈值法处理。若某块图像只含有背景,那么在这块图像内就找不到阈值,这时,可以由附近区域求得的局部阈值用内插法给该区域指定一个阈值。动态单阈值法灰度增强原理图如图3－9所示。采集图像的处理结果如图3－10所示。

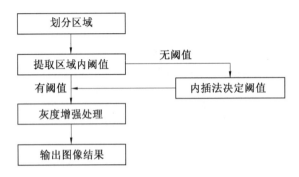

图3－9　动态单阈值法灰度增强原理图

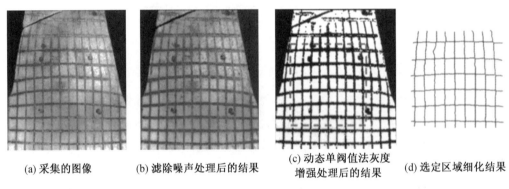

(a) 采集的图像　　(b) 滤除噪声处理后的结果　　(c) 动态单阀值法灰度增强处理后的结果　　(d) 选定区域细化结果

图3－10　采集图像的处理

3.3.2　网格图像的细化算法

目前的细化算法有很多种,处理过程有的用迭代法,有的用非迭代法。具体方法有很多,各有其优缺点,如 Naccache 和 Sinagha 提出的细化算法,处理的速度快且效果不错,但失去了原图的拓扑信息;再如经典的 OPTA 算法,执行速度快,但在拐角或者交叉处的变形较大,有时会出现细化不全的结果。

以方形网格线条识别为目的的细化要求不能改变原线条的连接性,细化后线条不能出现显著的畸变现象,另一方面还要求线条图像的单像素性。因此在算法中对其并行细化算法模板进行了改进,优化了细化判决准则,使得细化结果符合要求。通过与模板的对比,能快速提取出畸变较小的骨架,同时又能保证骨架图像的连通性和骨架的单像素宽。

采用细化并行处理的过程如下:从上到下、从左到右扫描图像,对每个像素为黑的点,取其周围邻域的各点,由它们所对应的颜色值,计算中心点在表中的索引,但先不删除,待该次扫描完毕以后再统一删除,依照该方法依次扫描,直到该次没有点被删除,则细化结束。

模板匹配的并行细化算法奇次迭代和偶次迭代的判决准则略有不同,否则,两个像素宽的线条图形在一致的判决准则下会完全消失。模板如图 3-11 所示。

$$
\begin{aligned}
&0,0,1,0,0,0,0,1,\ 1,0,0,1,1,1,0,1,\\
&1,1,0,0,0,1,1,1,\ 0,0,0,0,0,0,0,1,\\
&0,0,1,1,0,0,1,1,\ 0,1,0,1,1,1,0,1,\\
&1,1,0,0,1,1,1,1,\ 0,0,0,0,0,0,0,1,\\
&1,1,0,0,1,1,0,0,\ 0,0,0,0,0,0,0,0,\\
&0,0,0,0,0,0,0,0,\ 0,0,0,0,0,0,0,0,\\
&0,1,0,0,1,1,0,0,\ 1,1,0,1,1,1,0,1,\\
&0,0,0,0,0,0,0,0,\ 0,0,0,0,0,0,0,0,\\
&0,0,1,1,0,0,1,1,\ 1,1,0,1,1,1,0,1,\\
&0,1,0,0,1,1,1,1,\ 0,0,0,0,0,0,0,1,\\
&0,0,1,1,0,0,1,1,\ 1,1,0,1,1,1,0,1,\\
&1,1,0,0,1,1,1,1,\ 0,0,0,0,0,0,0,0,\\
&0,1,0,0,1,1,0,0,\ 0,0,0,0,0,0,0,0,\\
&1,1,0,0,1,1,1,1,\ 0,0,0,0,0,0,0,0,\\
&1,1,0,0,1,1,0,0,\ 1,1,0,1,1,1,0,0,\\
&1,1,0,0,1,1,1,0,\ 1,1,0,0,1,0,0,0\}
\end{aligned}
$$

图 3-11 模板示意图

模板中共 256 个元素,在中心点的 8 邻域中,令左上方点对应一个 8 位数的第 1 位(最低位),正上方点对应第 2 位,右上方点对应第 3 位,左邻点对应第 4 位,右邻点对应第 5 位,左下方点对应第 6 位,正下方点对应第 7 位,右下方点对应第 8 位,如图 3-12 所示,按此结构组成 8 位二进制数,经查此模板,如果模板中的元素是 1,则表示该点可以删除,否则保留。经多次循环直到没有点被删除,就可以提取出图像的骨架。标识为 2 的点表示在奇次迭代时删除,标识为 3 的点表示在偶次迭代时删除。

P_1	P_2	P_3
P_4	P	P_5
P_6	P_7	P_8

图 3-12 像素点的 8 邻域

3.3.3 网格特征点识别

对于骨架化后的方形网格线条图形,由图 3—3(b) 和式(3—5)可知,若要计算出方形网格覆盖下的试件的变形,还要知道网格交点的位置,因此对于特征点识别,其任务就是要正确的提取出网格交点。经过细化后的网格线图像可能会出现分叉现象,这给网格线交点的提取带来了难度,为实现计算机的自动判断和去除,必须对分叉现象和网格交点的特征进行深入的分析。

对于方形网格的特征点识别,骨架化后的二值图像是由严格的单像素宽的网格线组成,图 3—13 中标记 0 和 1 分别为背景点和骨架化后网格线上的点。先找所有候选网格点,通过扫描网格图像中所有标记为 1 的点,再找到所有与其邻接的标记为 1 的点的数量大于 2 的点,这些点便是网格交点的候选点。

考虑到图像处理和噪声的影响,骨架化后的网格图像可能有 3 种情况,如图 3—13 所示。通过分析可知,图 3—13(a) 中两条网格线相交,得到一个候选网格点 P_0;图 3—13(b) 中两条网格线相交,得到两个网格候选点 P_1 和 P_2,这是细化算法造成的;图 3—13(c) 中只有一条网格线但是由于噪声的影响也产生了一个网格候选点 P_3。图 3—13(a) 是理想的细化网格,候选点 P_0 即目标网格点;图 3—13(c) 由于只有一条网格线,所以实际上并没有网格点的存在,该类情况产生的候选网格点是由于噪声或者细化算法等产生的细小分叉与网格线相交而产生;对于图 3—13(b) 所示的情况,由于两条网格线相交只应产生一个网格点,通过进一步分析可知,产生这种情况是由于网格线本身具有一定的宽度,相交处会形成一个不小的区域,细化后会产生错动的两个交点 P_1 和 P_2,但两个点的距离不会很远,应该在网格线宽度的范围内。所以对于该类点,可把两个候选点合并为一个网格点。

若窗口的大小选取合适,通过扫描网格图像中标记为 1 的点,找到所有与其邻接的标记为 1 的点的数量大于 2 的点,这些点就是网格点的候选点。如果是图 3—13(c) 所示的情况,则从候选网格点中删除,如果是图 3—13(a) 所示的情况,则认为是目标网格点,如果是图 3—13(b) 所示的情况则把两个网格点合并后再作为目标网格点。通过以上步骤就可以提取出方形网格的交点。

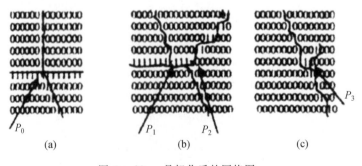

图 3—13 骨架化后的网格图

3.3.4 坐标转换及应变计算

经过特征点提取后,就可以得到每个网格交点在图像内的坐标,用距离公式可以计算出两个交点间的距离:

$$l = \sqrt{(x_{i+1} - x_i)^2 + (y_{i+1} - y_i)^2} \quad (i = 0, 1, 2, \cdots, n) \quad (3-6)$$

式中,l 为相邻两个交点间的距离;(x_i, y_i),(x_{i+1}, y_{i+1}) 为相邻两个交点在图像内的坐标。

计算得到的结果为两个网格交点在图像空间内的距离而不是实际空间的距离,可通过一定的当量换算来转换,从而,可进一步计算出试件的应变。

距离测量的过程如下。

① 建立图 3-14、图 3-15 所示的坐标系(同一个坐标系)。其中点 B 为 CCD 的镜头中心点,点 A 为试件托架(可旋转)的中心点,O 为坐标原点,AB 是 CCD 的投影线($x'By'$ 平面的法线),AB' 也是 CCD 的投影线($x''B'y''$ 平面的法线),AB 和 AB' 两者与水平面的夹角都为 θ。x'、y' 为旋转前 CCD 平面的两个轴。x''、y'' 为 CCD 平面坐标系的两个轴。B'' 是 B' 在 xOy 平面上的投影,x'''、y''' 是 x''、y'' 在 xOy 平面上的投影。

② 计算试件上的网格点在 $x'By'$ 平面和 $x''B'y''$ 平面上的坐标。

③ $x'By'$ 平面和 $x''B'y''$ 平面上相对应的点是空间中同一点在不同平面上的投影。已知投影平面上点的坐标,又已知两个投影平面的几何关系,可以求出该点的空间坐标。

④ 确定试件应变,网格点的空间坐标为 (x, y, z),其在 $x'By'$ 平面的投影坐标为 (x_0, y_0, z_0),在 $x''B'y''$ 平面的投影坐标为 (x_1, y_1, z_1),则过点 (x_0, y_0, z_0) 方向为 $\boldsymbol{V}_0$(平面 $x'By'$ 的方向向量)的直线和过点 (x_1, y_1, z_1) 方向为 $\boldsymbol{V}_1$(平面 $x''B'y''$ 的方向向量)的直线的交点为网格点 (x, y, z),但是考虑到误差因素,两直线未必相交。

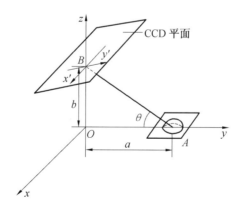

图 3-14 坐标系 1(未旋转)

采用下述方法求出空间的对应点 (x, y, z)。在图 3-14 和图 3-15 所示的坐标系下,点 A、B、B' 的坐标分别为 (x_A, y_A, z_A)、(x_B, y_B, z_B)、$(x_{B'}, y_{B'}, z_{B'})$,取 3 个分别由 3 个点确定的平面 Ⅰ、Ⅱ、Ⅲ:

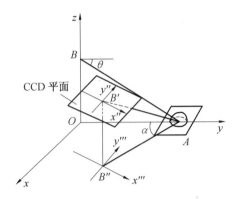

图 3—15　坐标系 2(旋转后)

平面 Ⅰ 由点 (x_A, y_A, z_A)、(x_B, y_B, z_B) 和 (x_0, y_0, z_0) 确定；

平面 Ⅱ 由点 (x_A, y_A, z_A)、$(x_{B'}, y_{B'}, z_{B'})$ 和 (x_1, y_1, z_1) 确定；

平面 Ⅲ 由点 (x_A, y_A, z_A)、(x_0, y_0, z_0) 和 (x_1, y_1, z_1) 确定。

这 3 个平面在空间的交点即两投影点在空间中的对应点 (x, y, z)，求出网格点的空间坐标后，即可求得相应的应变场。

3.4　光学应变测量误差分析

由于应变是距离的导出量，因此应变的测量误差实际上取决于距离的测量误差。为检验测量精度，对同一成形试件分别采用上述方法和显微镜人工测量方法进行网格变形测量，并对测量结果进行误差分析。

选取 4 个测量点，如图 3—16 所示，将人工测量的结果与系统测量结果进行比较，人工测量时测量用具的放大倍数为 10～50 倍。分别计算各个网格点的 x、y 距离和两个方向的工程应变误差，如表 3—1 所示。有多种原因造成测量误差，如 CCD 的精度、网格线的印制误差、特征点提取误差等。

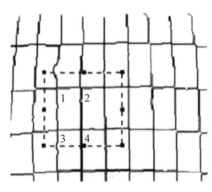

图 3—16　测量区域

表 3-1　网格点计算误差

方向	x 方向				y 方向			
网格点号	1	2	3	4	1	2	3	4
相对误差/%	112.50	12.61	12.50	13.08	4.46	9.93	8.17	3.98

1. CCD 精度对误差的影响

在用数字图像分析技术测量塑性应力－应变的工作中，在测量应变值为 0.01 时，若要使测量精度达到 1%，所需 CCD 分辨率应大于 200 像素/mm。目前的 CCD 指标还没有达到这一水平，但利用图像处理技术，可以在 35 像素/mm 的精度下达到 3% 的测量精度。现在所用 CCD 系统的分辨率最大为 15 像素/mm，测量误差为 5%。

2. 网格印制质量对误差的影响

标距尺寸为 4 mm 的网格，在印制精度为 600 点时，其对应变测量的影响是在标准的测量精度基础上附加了 1.05%。测量系统所用的网格印制误差可通过测量未变形试件上网格尺寸得到，相对误差为 0.8%～1.0%。

3. 特征提取对误差的影响

造成特征提取误差的原因有以下几个方面：

① 在成像过程中，受多种因素的影响，图像质量会有所下降；

② 由于"混合"和"噪声"的原因，图像预处理存在一定的困难，目前仍未找到十分有效的方法，也没有建立起较好的评价方法；

③ 二值化处理时会损失部分的线条轮廓的灰度信息，使二值化后的线条产生偏差；

④ 提取特征点时也会产生一定的偏差。

4. 提高精度的途径

① 本方法中使用的 CCD 的分辨率为 570 线。若采用更高分辨率的 CCD，则可以得到放大率更高的图像，其测量精度也会更好。目前所用的图像采集卡分辨率为 8 位灰度等级，也可采用更高分辨率的图像采集卡以得到更精确的结果。

② 采用高精度的网格印制方法，减小网格制作引起的误差。

③ 改善取像条件，针对处理的图像寻求更有效的预处理方法，提高图像质量和特征提取的精度。

④ 对球形试件而言，测量出来的长度值实际上是两测量网格点之间的距离（即弦长），而胀形试验中球的半径是已知的，通过转换可以很方便地将其变换为弧长，以减小测量误差。

3.5　光学应变测量系统的测量步骤

1. 光学应变测量系统的测量步骤

（1）在成形坯料上印制网格，应用 3.1 节介绍的网格印制方法，使用网格印制设备或激光打标设备，应用电化学腐蚀法或丝网印刷法，在板料上印上圆形网格或方形网格，如图 3—17(a)所示。

（2）成形，把印好网格的板料放到压力机上进行成形实验，成形出具有一定形状的试件，图 3—17(b)所示。

（3）摄取图像，使用数码相机或摄像头拍摄试件的照片，拍照时需要在试件周围或拟测量的成形区域放置一个或数个参照块，作为以后软件读取时的空间位置基准。拍摄时要确保有现场有充足的自然光线，得到分辨率较高的清晰照片，如图 3—17(c)所示。

（4）将拍摄后的照片导入计算机的应变分析软件中，对所取得的图像进行处理和网格识别，并对破损的网格进行修复，识别图像特征点，图 3—17(d)所示。

（5）经过应变分析软件的计算处理，获取试件 3 个方向上的应变分布等变形参数，图 3—17(e)所示为通过软件进行数据分析和处理后得到的应变分布云图。

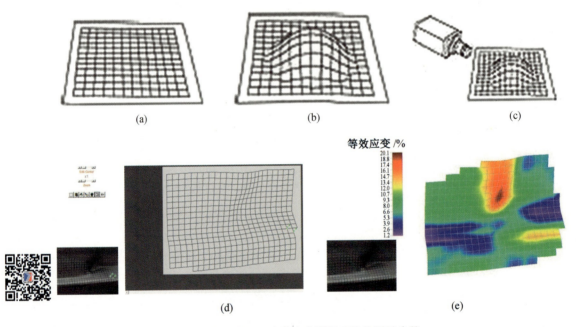

图 3—17　光学应变测量系统的测量步骤

2. 操作建议

为了得到合格、清晰的试件照片，应变测量系统给出了拍摄时的操作建议，具体如下。

（1）测量区域和参照块应尽可能大地显示在图片中。

（2）参照块在图片中应至少要显示出两个面。

（3）拍摄时的快门速度要使用 1/60 s 或更快。

（4）拍摄时的曝光中心区域应对准测量区域而不是在参照块上。

（5）在拍摄不同角度照片的过程中，不要移动测量试件和参照块。

图 3—18 所示为在做材料成形极限曲线测试（即杯凸实验）时进行应变测量。在成形

设备的上方布置有两个摄像头,对准材料成形区域,实时地将变形信息传到旁边的计算机,计算机中的应变分析软件会实时显示出实验过程中材料在各个方向上的应变分布情况。

图 3-18　材料成形极限曲线测试时的应变分析

图 3-19 所示为在做材料高温拉伸试验时进行应变测量。图 3-20 所示为在做液压胀形屈服曲线测试时进行应变测量。图 3-21 所示为对一只运动鞋做应变分析,可以看出在某项运动中运动鞋各部分的应变数值和变形情况,从而有助于设计该项运动专用的运动鞋。

图 3-19　材料高温拉伸试验时的应变分析

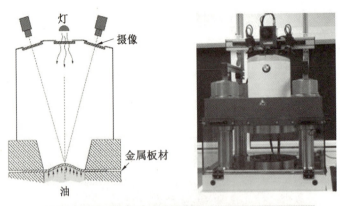

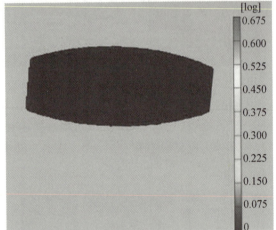

图 3-20　液压胀形屈服曲线测试时的应变分析

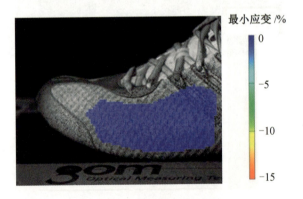

图 3-21　运动鞋的应变分析

第 4 章 光学应变测量的应用

4.1 铝合金锥底筒形件成形的应变分析

4.1.1 铝合金锥底筒形件的几何尺寸及材料

本节研究的对象是带有锥部尖头的铝合金筒形件,其形状和尺寸如图 4-1 所示。筒形件的深度为 60 mm,其中直壁部分的内径为 58 mm,前部锥头部分的高度为 20 mm,铝合金构件开口端与直壁区的过渡圆角的尺寸为 5 mm,直壁区与前部锥头部分的过渡圆角的尺寸为 5 mm,锥头部分的过渡圆角尺寸为 10 mm。采用厚度为 1 mm 的铝合金板材拉深成形,要求成形后的筒形件表面平整,无毛刺和皱褶。成形所用的材料为 5A06 铝合金,该种铝合金为 Al-Mg 系防锈铝合金,此材料具有较高的强度和腐蚀稳定性,铝合金筒形件的三维造型如图 4-2 所示。

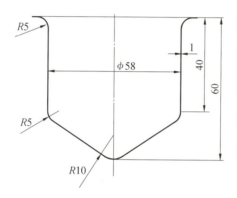

图 4-1 铝合金筒形件的几何结构

图 4-2 铝合金筒形件三维造型图

4.1.2 铝合金锥底筒形件的成形工艺

在常规充液拉深成形时,过大的液室压力会导致零件成形初期悬空区的起皱与破裂,因此靠单纯增大液室压力来增强摩擦保持效果、增大成形极限的效果是有限的。基于铝合金难成形材料零件成形的需要,出现了双向加压拉深成形技术,是在成形坯料的上表面也施加液压,在双面流体润滑效果及摩擦保持效果的联合作用下,降低拉深成形危险断面(传力区)的径向拉应力,从而提高板材的相对承载能力,改善难成形材料零件的可成形性。

双向加压拉深成形技术原理是在成形板料的上表面施加液压来配合刚性凸模进行充液拉深,图4-3所示为其成形原理示意图。板料上表面的压力可以部分甚至全部抵消底部充液室压力导致的反胀。这种拉深工艺尤其适用于成形过程中具有较大悬空区的锥形件等的成形,允许施加更大的液室压力,显著增强板料与凸模的摩擦保持效果,抑制减薄,提高成形极限。其特点是由于正向压力的存在,改善了变形区受力情况,降低了传力区的载荷,从而增大了允许的变形程度。另外,由于板材上、下两个表面都有液体,有很好的润滑状态,减小了法兰区的摩擦阻力,这也是促使变形程度提高的一个重要因素。在双向压力、摩擦保持效果及流体润滑效果三者共同作用下,减小板料变形区的径向拉应力,缓解板坯危险区的过度减薄,从而提高成形极限。

双向加压拉深成形的工艺过程为:首先,把切好的板坯放置在凹模面上,准确定位;然后,凸模下行至坯料上表面,压边圈下行合模,加压边力;接着,向充液室及板料上表面液室同时加注液体并保压;再接着,凸模开始下行冲压,同时调节板料上、下两面的液压力,使其与凸模行程相配合;最后,凸模与压边圈上行起模,取出零件。

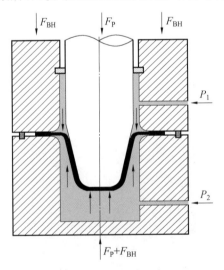

图4-3 双向加压拉深成形示意图

4.1.3 铝合金锥底筒形件成形的应变分析

在双向加压拉深成形的工艺中,当充液室压力与正向压力匹配较好时,能够抑制拉深成形过程中板料破裂的趋势,成形出合格的零件。选用直径 128 mm 的坯料,在正向压力为 8 MPa,充液室压力为 15 MPa 的加载路径下,成形出合格的锥底圆筒形零件,其拉深比为 2.2,如图 4-4 所示。

图 4-4 合格的成形零件

因为成形的筒形零件几何轴向对称,所以对零件进行线切割,将零件沿对称轴剖切为两部分,取一半进行壁厚的测量。图 4-5 所示为成形件的测点分布图和测量后的壁厚分布,从中可以看出,法兰区的测点 11 壁厚最厚为 1.2 mm,从测点 11 向前,壁厚值逐渐减小,在临近锥底附件的测点 3 壁厚值达到最薄为 0.78 mm。

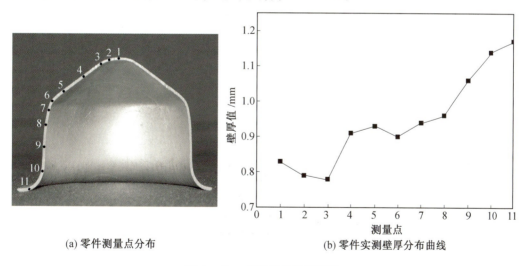

(a) 零件测量点分布 (b) 零件实测壁厚分布曲线

图 4-5 成形零件壁厚测量

对成形过程中的变形情况进行应变分析,图 4-6 所示为零件拉深行程 16% 时的成形状态图,图 4-6(a) 所示为零件实际照片,可以看出,成形时凸模锥头部分首先与板料接触,在充液室压力及正向压力的作用下,悬空区稍有反胀,此时板料的变形以胀形为主。图 4—6(b) 所示为用 ASAME 应变分析软件测得的锥底区域的厚向应变分布云图，从图中可以看出，此时锥底部分球缺与截锥相衔接部位厚向应变值较大。

随着冲头的下行，拉深继续进行。图 4—7 所示为拉深行程 33% 时的零件变形情况。图 4—7(a) 所示为零件实际照片，可以看出，此时球缺部分已完全成形，而截锥部分也将成形，此时板料变形仍以胀形为主。图 4—7(b) 所示为已成形区域的厚向应变分布云图，从图中可以看出，此时厚向应变最大值仍位于锥底球缺与截锥相衔接部位。

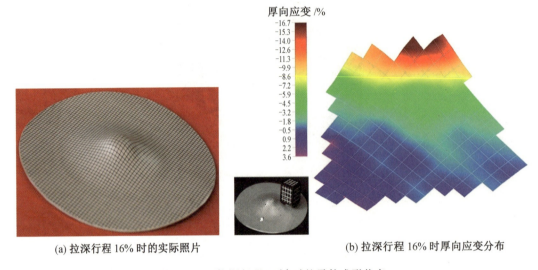

(a) 拉深行程 16% 时的实际照片　　　　(b) 拉深行程 16% 时厚向应变分布

图 4—6　拉深行程 16% 时的零件成形状态

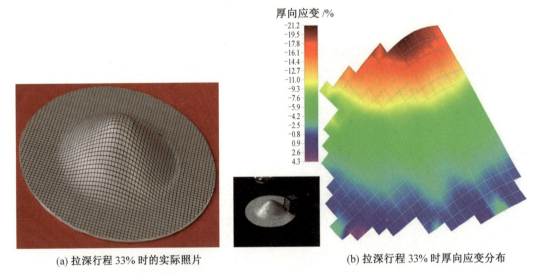

(a) 拉深行程 33% 时的实际照片　　　　(b) 拉深行程 33% 时厚向应变分布

图 4—7　拉深行程 33% 时的零件成形状态

图 4—8 所示为拉深行程 58% 时的零件图及应变分布云图，图 4—8(a) 所示为零件实际照片，可以看出，此时筒形件锥底已完全成形，并有一小段直壁区已成形。图 4—8(b) 所示为测得的已成形区域的厚向应变分布云图，从图中可以看出，虽然锥底球缺与截锥相

衔接部位仍是板料的厚向应变最大处,但截锥与直壁区相接的凸模圆角部分的厚向应变开始增大,此时板料成形的危险区开始由锥底球缺与截锥相衔接部位向凸模圆角部位转移。

图4-9所示为已拉深完成的零件及应变分布云图。图4-9(a)所示为零件实际照片,可以看出成形零件无起皱或破裂缺陷。图4-9(b)所示为测得的零件厚向应变分布云图,从图中可以看出,此时截锥区与直壁部分相接的凸模圆角处厚向应变最大,其厚向应变值已超过锥底球缺与截锥相衔接部位,这说明在筒形件锥底部分成形后,在充液室压力与正向压力的耦合作用下,板料与凸模之间的摩擦保持作用改善了已成形部分的应力状态,抑制了其后续变形的趋势。在成形后期凸模圆角处及筒形件直壁区为拉深成形的危险区域。

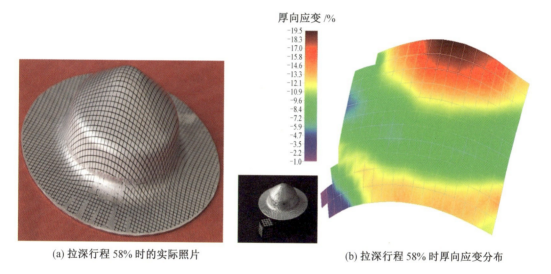

(a) 拉深行程 58% 时的实际照片　　　　(b) 拉深行程 58% 时厚向应变分布

图 4-8　拉深行程 58% 时的零件成形状态

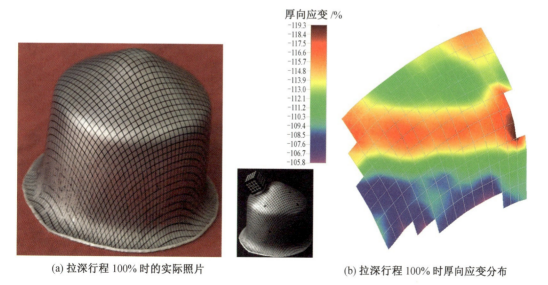

(a) 拉深行程 100% 时的实际照片　　　　(b) 拉深行程 100% 时厚向应变分布

图 4-9　拉深行程 100% 时的零件成形状态

4.2 铝合金非对称件成形的应变分析

4.2.1 铝合金非对称件的几何尺寸及材料

铝合金非对称件的形状和尺寸如图4－10所示。成形板材坯料的厚度为1 mm,筒形件的深度为54 mm,其中直壁部分的直径为60 mm,所用的材料为5A06铝合金。非对称筒形件的三维造型如图4－11所示。

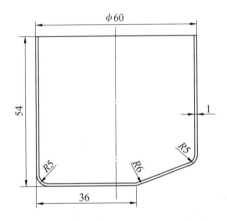

图4－10 非对称筒形件的几何尺寸　　图4－11 非对称筒形件三维造型图

4.2.2 铝合金非对称件的成形工艺

双向加压拉深成形是基于传统充液拉深,在板料上表面施加液体压力,通过上表面液体压力与底部液室压力相互作用使板料贴合凸模成形,其成形过程如图4－12所示。

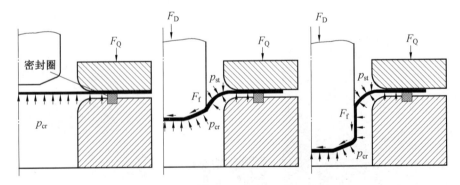

图4－12 双向加压拉深成形过程

双向加压拉深成形工艺与传统充液拉深工艺对比如图4－13(a)所示,相比于传统的充液拉深,双向加压拉深在成形过程中需要在板料的上、下表面同时施加液体压力,因此在设计模具时,需要在压边圈上独立外加一条油路通道,作用在板料上表面实现正向压力。如图4-13(b)所示,这样除了周向密封之外,在凸模与压边圈处需要添加一套密封装置。

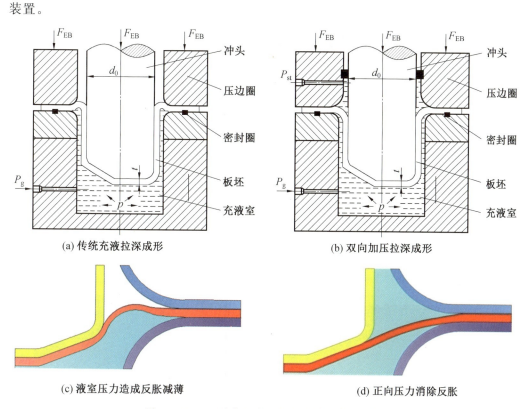

图4-13 双向加压拉深与传统充液拉深比较

相对于传统充液拉深,双向加压拉深成形有几个改进之处:

① 双向压力的作用,改善了变形区受力情况,从而增大了允许的变形程度,有益于提高成形零件的极限拉深比;

② 由于正向压力的作用抵消了反胀,液室压力可以得到进一步的增加,从而有益于板料的贴膜,增大凸模的摩擦阻力;

③ 板材双面都有液体的作用,可以形成良好的流体润滑,从而降低法兰处的摩擦,同时可以减少零件表面划伤,适合表面质量要求高的零件的成形;

④ 相对于传统的冲压成形,可一道工序成形相应的零件,省略了后续的焊接工艺,避免焊接变形,提高生产效率。

4.2.3 铝合金非对称件成形的应变分析

为研究拉深高度对应变分布的影响规律,在成形过程中对不同拉深高度进行试验来研究非对称件的应变分布规律,凸模拉深的最大深度为 50 mm,根据非对称件的特殊结构及成形过程中的危险区域,选取 A、B、C 三个典型区域进行变形规律分析,如图4-14所示。A 区域为筒底部分,B 区域为斜面部分,C 区域为筒底与斜面的拐角处,三处的厚向应变分布如图4-15所示,较大的减薄处于 A 区与斜面的交汇处和 C 区的圆角处,而 C 区

图 4-14　非对称件的应变分析区域

的减薄率大于 A 区，可见 C 区材料变形大于 A 区材料的变形。这与非对称件数值模拟结果具有较好的一致性。

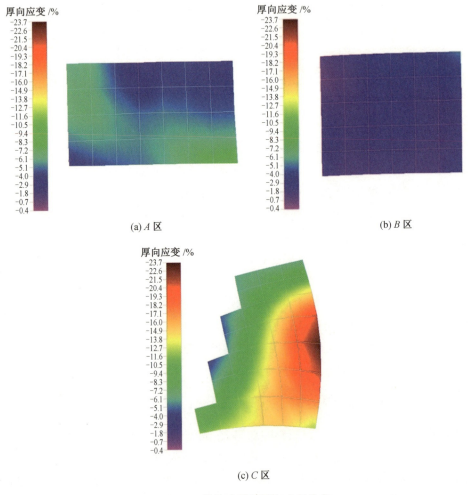

(a) A 区　　　　(b) B 区

(c) C 区

图 4-15　最终成形件厚向应变分布

图 4-16 所示为不同拉深高度下的成形零件和对应的应变分布云图,考虑到零件的对称结构及成形的典型区域,取图中 A、B、C 三个区域进行应变分析,该区域包括筒底部位、斜面部位和凸模圆角部位,测得在不同拉深高度下的应变分布。图 4-16(a) 中拉深高度为 10 mm,图 4-16(b) 中拉深高度为 30 mm,图 4-16(c) 中拉深高度为 50 mm。从图中可以看出,随着拉深高度的增大,凸模圆角处最大厚向应变范围稍有扩大,位于拐角处的 C 区最大厚向应变值由 -0.21 减小至 -0.22,筒底与斜面交汇的棱处厚向应变值由 -0.06 减小至 -0.07。

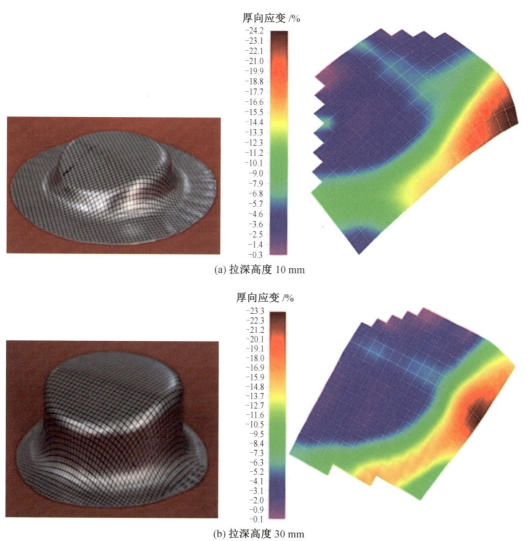

(a) 拉深高度 10 mm

(b) 拉深高度 30 mm

图 4-16　不同拉深高度下的成形零件和应变分布云图

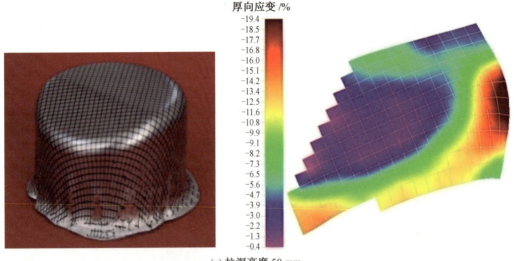

(c) 拉深高度 50 mm

续图 4-16

对于不同拉深高度下的非对称件,测得了 A、B、C 三个区域的最大厚向应变值,如表 4-1 所示。图 4-17 所示为三种拉深高度下 A、B、C 区域最大厚向应变分布。从非对称件的应变分布的规律可以看出,成形初期,C 区的最大厚向应变值为 -0.22,在成形终了其值变为 -0.24。成形初期,A 区的厚向应变为 -0.03,B 区为 -0.04;成形终了,A 区厚向应变增大到 -0.04,而 B 区减小为 -0.02。由于成形过程中 A 区材料与 B 区材料在液

表 4-1 不同拉深高度下三个区域的最大厚向应变值

拉深幅度	A 区域	B 区域	C 区域
10 mm	-0.03	-0.04	-0.02
30 mm	-0.03	-0.02	-0.22
50 mm	-0.04	-0.02	-0.24

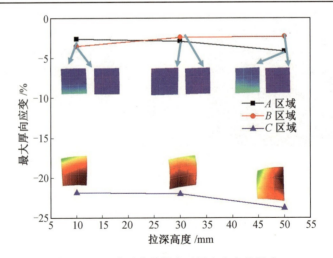

图 4-17 非对称件深度对厚向应变的影响

室压力的作用下紧贴凸模,因此该处成形过程中板料变形较少,在"有益摩擦"的作用下难以产生相对位移。与A、B区相比,C区成形过程金属变形大,同时该处的应力状态为双向拉应力,板料容易产生减薄,同时随着拉深高度的增大,板料与凸模容易产生相对位移,因此该处减薄率逐渐增大,易受拉深高度的影响。

综上所述,通过应变分析可知,厚向应变最大的部位为斜面与筒底的拐角处,该处最大厚向应变随着拉深高度的增大逐渐减小,其次是凸模圆角处和筒底与斜面交汇的棱处,厚向应变最小的部位为斜面与筒底部分,该处最大厚向应变受拉深高度的影响较小。

4.3 铝合金平底筒形件成形的应变分析

4.3.1 铝合金平底筒形件的几何尺寸及材料

铝合金平底筒形件的形状和尺寸如图 4-18 所示。成形板材坯料的厚度为 1 mm,材料为 5A06 铝合金。平底筒形件的三维造型如图 4-19 所示。

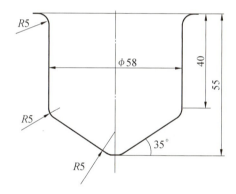

图 4-18 平底筒形件的几何尺寸

图 4-19 平底筒形件三维造型图

为了实现对成形后的零件进行应变测量,试验之前先对板料进行了不同形状网格的印制,图 4-20 所示为采用边长为 2 mm 的方形网格的效果。采用 DYNAFORM 软件自带的 BSE 模块,对实验的板料提前进行了尺寸估算,通过计算得到原始坯料直径约为 120 mm,如图 4-21 所示。

图 4-20 方形网格的板料

图 4-21 BSE 计算结果

4.3.2 铝合金平底筒形件成形的应变分析

铝合金平底筒形件的成形工艺采用 4.2 节所述的双向加压拉深成形技术,为了分析零件成形过程中的变形规律,采用 ASAME 应变测量软件对成形过程中的变形情况进行了应变分析,此零件的成形采用了液室压力为 15 MPa,正向压力为 5 MPa 的加载路径。

图 4-22 所示为拉深高度为 15 mm 时的零件变形情况。图 4-22(a) 所示为印有圆形网格的零件实际照片,此时,锥底平头和锥面部分已经基本成形。分析图 4-22(b) 可知,此时厚向应变最大区域位于锥面与锥底平头相交的圆角部分,最大的应变值为 −14.9,即此区域的最大减薄率约为 14.9%。锥面区域的减薄率由上到下逐渐减小,最小的应变位于锥面的最下端,此区域的变形刚开始,减薄约为 2%,随着拉深的继续进行,减薄率会逐渐增大。

图 4-23 所示为拉深高度为 30 mm 时的零件变形情况。图 4-23(a) 所示为印有圆形网格的零件实际照片,此时,锥底和凸模圆角部分已经完全成形,而且圆筒直壁区也有

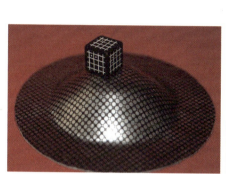
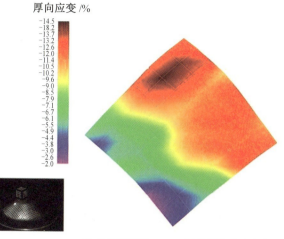

(a) 拉深高度为 15 mm 时的零件照片　　　　(b) 拉深高度为 15 mm 时的厚向应变分布

图 4－22　拉深高度为 15 mm 时的零件成形状态

一段已成形。分析图 4－23(b)可知,此时锥面与锥底平头相交的圆角部分的应变值范围约为 －15.7～－13,此区域在这段时间内的成形中基本没有变形,壁厚基本保持不变。锥面区域与上一个应变分布云图相比,应变值减为 －10,壁厚有所减薄。厚向应变最大区域位于凸模圆角部分,最大的应变值为 －16.8,即此区域的最大减薄率约为 16.8%。由于此时圆筒直壁区刚开始成形,所以厚向应变最小,减薄约为 5%,随着拉深的继续进行,减薄率会逐渐增大。

(a) 拉深高度为 30 mm 时的零件照片　　　　(b) 拉深高度为 30 mm 时的厚向应变分布

图 4－23　拉深高度为 30 mm 时的零件成形状态

图 4－24 所示为拉深高度为 50 mm 时的零件变形情况。图 4－24(a)所示为印有方形网格的零件实际照片,此时,锥底筒形零件已经完全成形。分析图 4－24(b)可知,此时锥面与锥底平头相交的圆角部分、锥面部分的厚向应变值变化不大,可知此区域由于液室压力的摩擦保持效果在后续的成形过程中基本没有变形,减薄率基本保持不变。厚向应

变最大区域位于凸模圆角部分,最大的应变值为 -26,即此区域在后续成形中继续减薄成为危险截面,最大减薄率约为 26%。

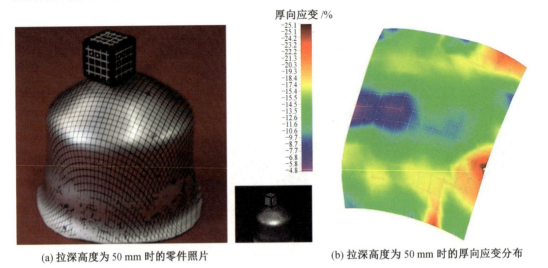

(a) 拉深高度为 50 mm 时的零件照片　　　　(b) 拉深高度为 50 mm 时的厚向应变分布

图 4-24　拉深高度为 50 mm 时的零件成形状态

4.4　铝合金双曲率件成形的应变分析

4.4.1　铝合金双曲率件的几何尺寸及材料

铝合金双曲率件的三维模型如图 4-25 所示。其中内型面为椭球面,双曲率件上端曲率半径为 69 mm,弧长为 108.33 mm;下端曲率半径为 165 mm,弧长为 259.05 mm。板材材料为铝合金 2A12,是一种高性能硬铝,可以进行热处理强化,在固溶后获得较好的加工性能。固溶后获得的 2A12 铝合金板料在塑性加工后,经过形变强化和时效处理,可以增大零件的强度和硬度,获得优良性能的成形件。

由于双曲率件为类似于瓜瓣的形状,总体呈现出上端小下段大,故采用六边形毛坯来成形双曲率件。通过计算和优化可得板料形状和尺寸如图 4-26 所示,在 200 mm × 200 mm 的预坯料上端裁去两个直边为 50 mm 和 100 mm 的切角。

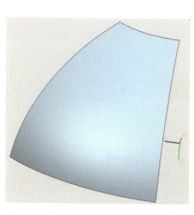 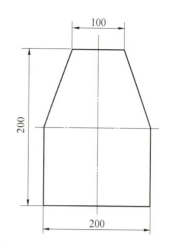

图 4-25　双曲率件的三维模型　　图 4-26　毛坯形状和尺寸(单位:mm)

4.4.2　铝合金双曲率件的成形工艺

充液拉深成形工艺是在传统拉深工艺上发展而来的板材加工工艺。充液拉深成形的模具与成形过程如图 4-27 所示,模具主要包含凸模、压边圈、凹模等。在充液拉深过程中,首先在将板料放置在凹模上合适的位置,之后通过压边圈下行将板料压住,在此基础上通过控制液压系统来控制凹模液室内的液压,若有需要,可进行预胀工艺,然后凸模下行进行拉深成形,直至板料成形结束。

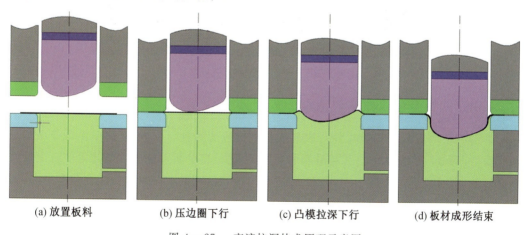

(a) 放置板料　　(b) 压边圈下行　　(c) 凸模拉深下行　　(d) 板材成形结束

图 4-27　充液拉深技术原理示意图

在充液拉深成形过程中,液室压力的作用使板料始终紧贴在凸模上。从图 4-28 中可以看出,液室压力使板料紧密贴合在凸模上,增大了板料与凸模之间的摩擦,这种"有益摩擦"的存在可以减轻板料所受径向拉应力,减小了板材危险断面破裂的可能性。同时液室压力所形成的反向压力使悬空区减小,对于薄壁件成形,可减低悬空区破裂的可能性。充液拉深还会在板料与凹模之间形成溢流现象。流体润滑的效果,减小了法兰区板料与凹模之间的摩擦,使板料进料更加容易,更利于板料成形,而且可改善凹模对板料造成的划痕、划伤现象。

对于双曲率件采用充液拉深工艺来成形,设计了平面压边圈形式,如图4－29所示。

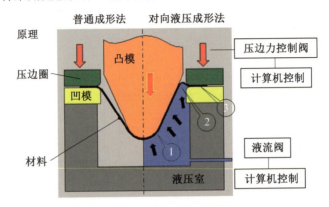

图4－28　普通拉深法和充液拉深比较

图4－29　平面压边圈与凹模垫片

4.4.3　铝合金双曲率件成形的应变分析

采用ASAME应变测量软件对成形过程进行应变测量与分析,双曲率件为非规则复杂曲面件,等效应变量从中心区域沿着周向逐渐增大,要分析双曲率件整体等效应变量大小和均匀性,可以通过分析A、B、C、D、E、F六个典型区域的中心点等效应变量来判断,图4－30所示为六个典型区域的位置。

双曲率件沿轴向变形不均匀,型面内不同部位的等效应变量差别很大,中心部位为等效应变量最小区域,靠近大端棱边转角处部位为等效应变量最大区域。

为了分析双曲率件整体区域内平均的等效应变量,根据式(4－1)计算平均等效应变值。

$$\varepsilon_a = \frac{1}{9}(\varepsilon_A + \varepsilon_B + \varepsilon_C + 2\varepsilon_D + 2\varepsilon_E + 2\varepsilon_F) \quad (4-1)$$

在充液拉深成形的应变分析中,选取最优加载路径,即液室压力为10 MPa,液压加载速率为凸模行程达到总行程80%时,液压达到设定值,之后保压到成形结束。

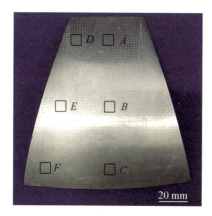

图 4-30 双曲率件应变分析区域

在充液拉深过程,A 区水平高度相较两侧小端棱边高度较低,而且距离小端棱边较近,从而造成 A 区反胀鼓包较小,两侧 D 区反胀鼓包较大。A 区在成形过程中,不仅受到较大的径向拉应力,也受到两侧反胀鼓包所产生的较大切向拉应力,从而应变状态为双向拉应变。图 4-31 所示为成形件 A 区应变分布图,可以看出最大主应变为 4.484%,最小主应变为 2.036%,等效应变为 6.70%。

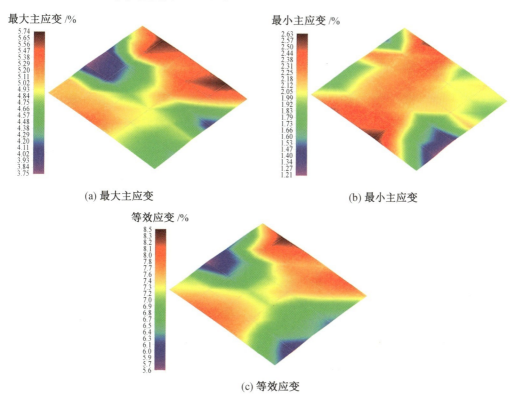

(a) 最大主应变

(b) 最小主应变

(c) 等效应变

图 4-31 充液拉深 A 区

图 4-32 所示为充液拉深成形件 B 区应变分布图,可以看出最大主应变为 1.558%,最小主应变为 1.135%,等效应变为 2.70%。在充液拉深过程中,B 区板料由于受到液室

压力作用,成形开始便与凸模接触,而且接触区域也变大,从而造成 B 区在拉深过程中变形量很小。

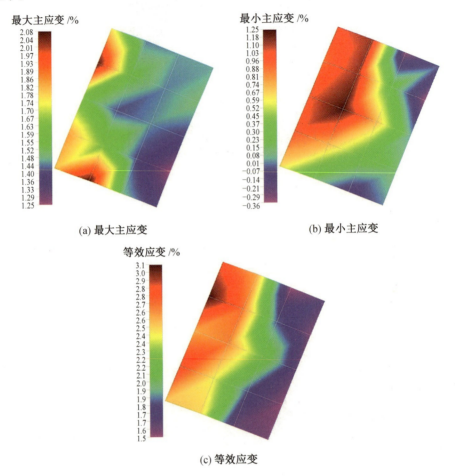

图 4—32　充液拉深 B 区

C 区变形状态与 A 区相似,但是由于 C 区距离两侧大端棱边转角处较远,从而受到的切向拉应力相对较小,最终变形表现为各项应变量均相对 A 区较小。图 4—33 所示为 C 区各项应变分布图,最大主应变为 3.57%,最小主应变为 2.044%,等效应变为 5.68%。

在充液拉深中 D 区为应变量较大区域。在拉深过程中,型面靠近外端处板料受到较大液压,在成形初期形成反胀鼓包,导致外端处板料受到较大径向拉应力,发生较大程度的变形。随着液室压力的增大,反胀鼓包越高,型面外端板料变形越大,整体应变量越不均匀。与此同时,直边处板料不断流入小端棱边转角处,D 区受到径向拉力同时受到切向压应力,若液室压力过小,易于在 D 区产生起皱现象。图 4—34 所示为 D 区各项应变分布图,最大主应变为 6.349%,最小主应变为 −0.061%,等效应变为 7.30%。

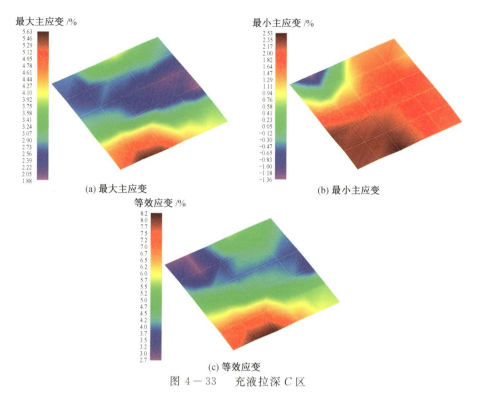

图 4-33　充液拉深 C 区

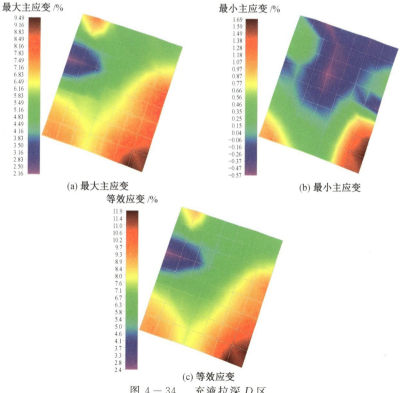

图 4-34　充液拉深 D 区

E 区变形状态与 A、C 区相似,E 区处在大端棱边转角和小端棱边转角中间,受到的切向拉应力介于 A、C 区之间,最终变形表现为各项应变量均介于 A、C 区之间。图 4-35 所示为 E 区各项应变分布图,最大主应变为 3.063%,最小主应变为 1.389%,等效应变为 5.26%。

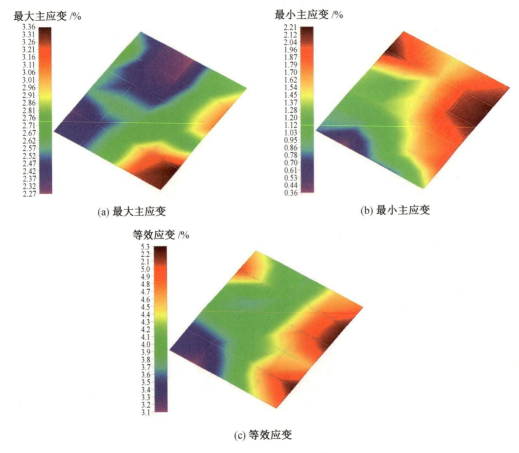

图 4-35 充液拉深 E 区

在充液拉深中 F 区为应变量最大区域。相比于 D 区,F 区在拉深过程中形成更大反胀鼓包,导致外端处板料受到较大径向拉应力,发生较大程度的变形。随着液室压力的增大,反胀鼓包越高,型面外端板料变形越大,整体应变量越不均匀。由于大棱边转角半径比小棱边转角半径大,更多的材料流入 F 区,导致 F 区受到比 D 区更大切向压应力,若液室压力过小,容易在 F 区产生起皱现象。图 4-36 所示为 F 区各项应变分布图,最大主应变为 8.072%,最小主应变为 -3.319%,等效应变为 8.11%。

根据以上测量数据,绘制双曲率件充液拉深成形各典型区域的等效应变分布图,如图 4-37 所示。图中所画线为平均等效应变值,为 6.22%,可以看出充液拉深成形件中,大部分区域的等效应变区别不大,而 B 区由于在液压作用下未能发生较大程度的变形,从而等效应变值较小,影响了等效应变分布的均匀性。

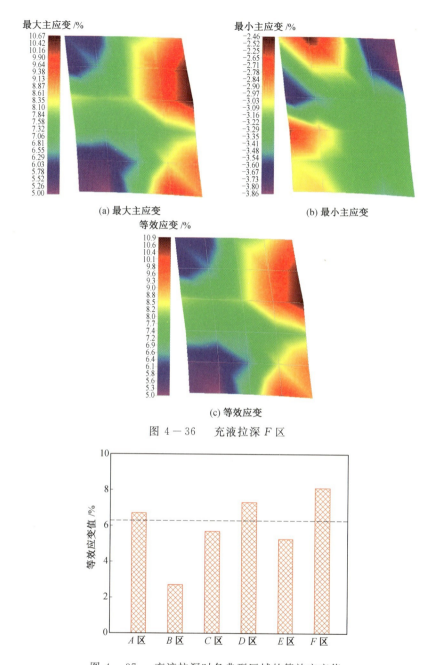

(a) 最大主应变　　(b) 最小主应变　　(c) 等效应变

图 4-36　充液拉深 F 区

图 4-37　充液拉深时各典型区域的等效应变值

在普通拉深中，A 区变形状态与充液拉深中 A 区有所区别，在普通拉深 A 区受到两侧小端棱边转角进料较多的影响，导致 A 区所受切向拉应力减小，从而在切向表现为压应变，其最大主应变、最小主应变和等效应变分别为 2.853%、-0.701% 和 2.87%。B 区为变形量最小处，其最大主应变、最小主应变和等效应变分别为 2.431%、1.501% 和 3.97%。C 区和 E 区应变状态与充液拉深中 C、E 区相似，均为双向拉应变，其中 C 区最大主应变、最小主应变和等效应变分别为 3.045%、1.835% 和 4.93%，E 区最大主应变、最小主应变和等效应变分别为 2.736%、1.573% 和 4.36%。D 区为变形量较大处,其最大主应变、最小主应变和等效应变分别为 4.606%、-0.189% 和 5.21%。F 区为变形量最大处,其最大主应变、最小主应变和等效应变分别为 6.094%、-1.643% 和 6.41%。根据测量的数据,绘制双曲率件普通拉深成形各典型区域的等效应变分布图,如图 4-38 所示。

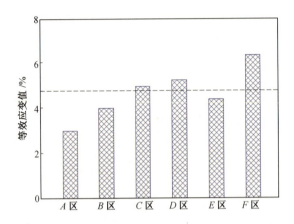

图 4-38 普通拉深时各典型区域的等效应变值

图 4-39 所示为充液拉深和普通拉深时,成形件各典型区域等效应变值的柱状图。可以看出,充液拉深整体等效应变量明显大于普通拉深等效应变量,这是由于在充液拉深过程中液压使得板料产生反胀鼓包,增大了变形区径向拉应力,从而增大了等效应变量。但是,充液拉深等效应变量相对于普通拉深等效应变量更加不均匀,这是由于液压在成形初期便将中心区域板料紧紧贴合于凸模上,在后期成形过程中心区域板料几乎不发生变形,导致中心区域等效应变量很小。

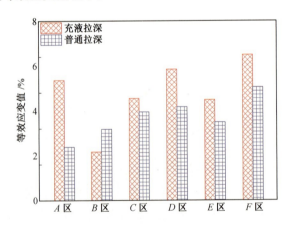

图 4-39 充液拉深和普通拉深时典型区域的等效应变值

4.5 应变分析与摩擦系数

网格应变分析方法可以获得塑性成形时金属板材表面的应变分布与变化。图4-40所示为网格应变的分析过程。首先,在板材的表面印制网格,经过塑性变形后,从两个角度拍摄试件的两维图像,如图4-40(a)、(b)所示,并根据三维成像原理利用计算机进行处理,得到图4-40(c)所示的三维图像,进而利用成形前后网格变化通过软件计算获得图4-40(d)所示的试件表面的应变分布。

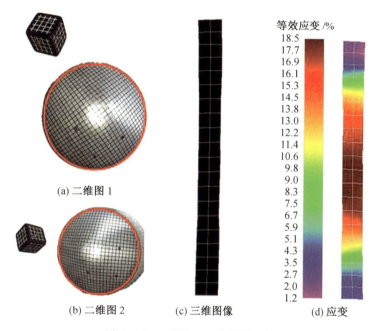

图 4-40 网格应变的分析过程

通过实验得到了不同成形阶段的铝合金筒形件,即4个典型拉深阶段的成形零件。应用应变分析系统对这4个阶段的成形件进行应变测量,得到其实际应变的分布情况,可以得到成形件的最大主应变、最小主应变、等效应变及厚度应变的分布云图。

4.5.1 拉深行程 9.6 mm 时的应变分布

图4-41所示为实验中筒形件拉深行程为9.6 mm时的成形件照片,可以看出,在成形初期,凸模前端首先与板材接触,在中央部分形成尖头突起。图4-42所示为用ASAME应变测试系统测得的此阶段成形件的应变分布云图。

图 4-41　拉深行程为 9.6 mm 时的成形件实际照片

图 4-42(a) 所示为最大主应变的分布,最大值为 0.171;图 4-42(b) 所示为最小主应变的分布,最大值为 0.076;图 4-42(c) 所示为厚度方向的应变,最大值为 -0.209;图 4-42(d) 所示为等效应变的分布,最大值为 0.222。

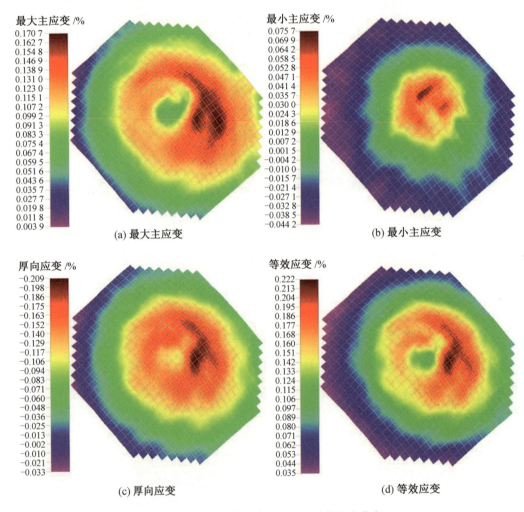

图 4-42　拉深行程为 9.6 mm 时的应变分布

4.5.2 拉深行程 19.8 mm 时的应变分布

图 4—43 所示为实验中筒形件拉深行程为 19.8 mm 时的成形件照片,可以看出,此时零件前端部位已完全成形,截锥部分也将成形。图 4—44 所示为用 ASAME 应变测试系统测得的此阶段成形件的应变分布云图。

图 4—44(a) 所示为最大主应变的分布,最大值为 0.228,比前一行程有所增加;图 4—44(b) 所示为最小主应变的分布,最大值为 0.131;图 4—44(c) 所示为厚度方向的应变,此时厚向应变的最大值位于锥底前端与截锥相衔接部位,其值为 −0.353;图 4—44(d) 所示为等效应变的分布,最大值为 0.356。

图 4—43 拉深行程为 19.8 mm 时的成形件实际照片

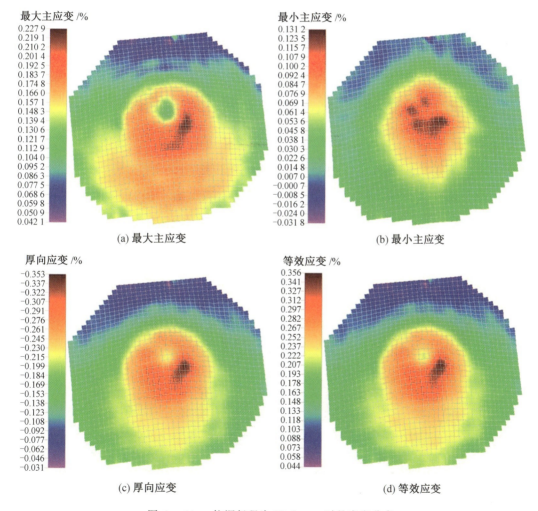

(a) 最大主应变

(b) 最小主应变

(c) 厚向应变

(d) 等效应变

图 4—44 拉深行程为 19.8 mm 时的应变分布

4.5.3 拉深行程 37.7 mm 时的应变分布

图 4-45 所示为实验中拉深行程为 37.7 mm 时的成形件照片,可以看出,此时零件直壁已慢慢成形,能够看出筒形件的大体雏形。图 4-46 所示为用 ASAME 应变测试系统测得的此阶段成形件的应变分布云图。

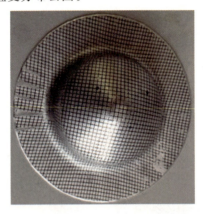

图 4-45 拉深行程为 37.7 mm 的成形件实际照片

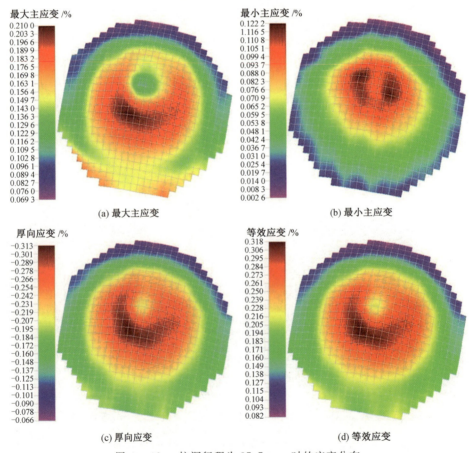

图 4-46 拉深行程为 37.7 mm 时的应变分布

图 4—46(a)所示为最大主应变的分布,最大值为 0.21,比前一行程有所减小;图 4—46(b)所示为最小主应变的分布,最大值为 0.122,比前一行程也有所减小;图 4—46(c)所示为厚度方向的应变,厚向应变的最大值所处位置不变,还是锥底前端与截锥相衔接部位,其值为 −0.313;图 4—46(d)所示为等效应变的分布,最大值为 0.318。出现直壁部分后,筒形件的应变值都比之前只有锥形时有所减小。

4.5.4 拉深行程 58.5 mm 时的应变分布

图 4—47 所示为实验中筒形件拉深行程为 58.5 mm 时的成形照片,可以看出,此时筒形件已完全成形。图 4—48 所示为用 ASAME 应变测试系统测得的此阶段成形件的应变分布云图。

图 4—47　拉深行程为 58.5 mm 时的成形件实际照片

图 4—48(a)所示为最大主应变的分布,最大值为 0.149,比前一行程继续减小;图 4—48(b)所示为最小主应变的分布,最大值为 0.083;图 4—48(c)所示为厚度方向的应变,最大值所处位置不变,还是锥底前端与截锥相衔接部位,其值为 −0.23;图 4—48(d)所示为等效应变的分布,最大值为 0.233。从出现直壁部分开始,筒形件整体的应变值都在逐渐减小。

从成形各阶段的应变分布状态中可以看出,板材拉深成形是厚度方向上减薄的变形过程,其应变分布的特点是,最大主应变都为正值,最小主应变有正有负,厚向应变一直为负值,等效应变一直为正值。由于等效应变是表示零件变形程度的物理量,所以在拉深成形中等效应变最大值和厚向应变最大值的位置是一致的,就是减薄最严重的部位,即成形时最容易出现破裂的位置。

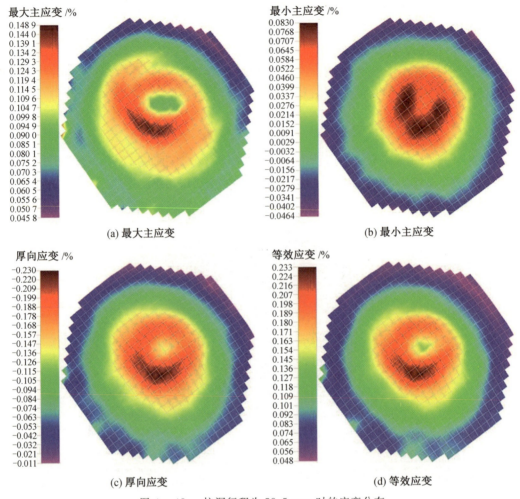

图 4−48 拉深行程为 58.5 mm 时的应变分布

4.5.5 成形过程摩擦系数的估测方法

以最大减薄率(最小壁厚值)为衡量参数,比较有限元计算结果和实际零件应变的测量结果。之所以不选壁厚差作为衡量参数,是因为在有限元分析结果和应变的测量中,总有个别特殊点的最大壁厚值(最小应变值)失真,从而影响整体的对比效果,相比而言,最大减薄率较真实地反映了零件的成形效果,因此选择最大减薄率为对比指标。有限元分析时选择改变凹模与板材的摩擦系数得到不同的壁厚值,这是因为凹模对壁厚的影响程度更大,此时凸模与板材的摩擦系数固定为 1.0。

当拉深行程为 58.5 mm 时,图 4−49 所示为厚向应变的分布云图,其最大值为 −0.23,即最大减薄率为 23%,也即最小壁厚值是 0.77 mm。

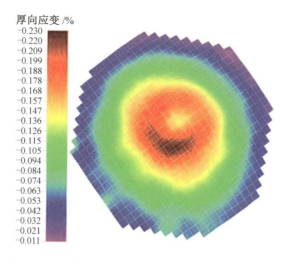

图 4-49 拉深行程为 58.5 mm 时的厚向应变分布图

图 4-50 所示为不同摩擦系数的成形模拟结果,由图可知,要在 $\mu=0.1$ 和 $\mu=0.2$ 选择摩擦系数进行数值模拟,希望得到最小壁厚为 0.77 mm 的模拟结果。

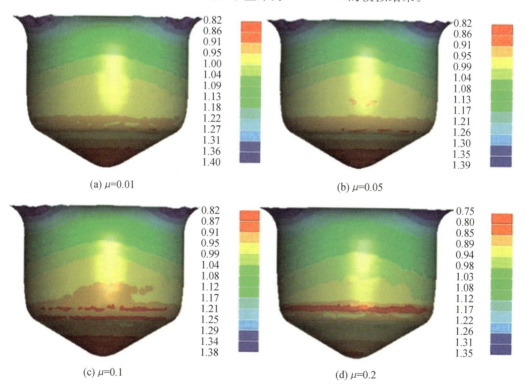

图 4-50 不同摩擦系数的成形模拟结果

在 $0.1\sim0.2$ 取摩擦系数进行数值模拟,发现当摩擦系数为 0.192 时,最小壁厚值为 0.771 mm,如图 4-51 所示。

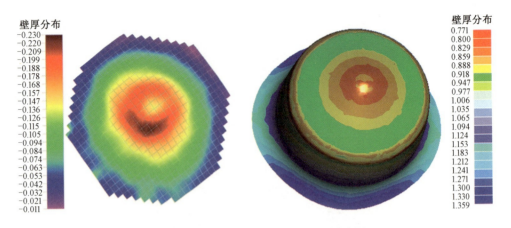

图 4-51　摩擦系数为 0.192 的壁厚分布图

对比发现当凹模与板材的摩擦系数为 0.192 时，实际零件的厚向应变测量结果与有限元分析结果相吻合，由此可以首先估算此时的摩擦系数为 0.192。

在估算摩擦系数为 0.192 基础上，实际实验与数值模拟最大主应变如图 4-52 所示，最小主应变如图 4-53 所示，等效应变如图 4-54 所示。

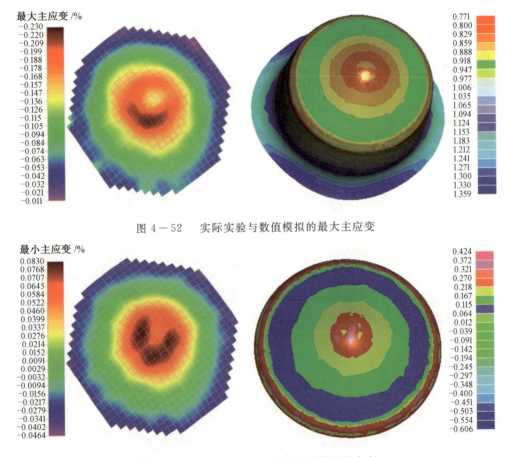

图 4-52　实际实验与数值模拟的最大主应变

图 4-53　实际实验与数值模拟的最小主应变

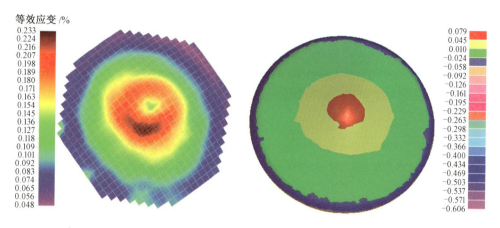

图 4−54 实际实验与数值模拟的等效应变

图 4−52 所示为实际实验用 ASAME 测量得到的最大主应变与数值模拟中摩擦系数为 0.192 得到的最大主应变,对比发现两者同一部位的最大主应变值基本一致,且最大值都出现在锥底前端与截锥相衔接部位,其值约为 0.15。

图 4−53、4−54 所示分别为实际实验用 ASAME 测量得到的与数值模拟摩擦系数为 0.192 得到的最小主应变和等效应变,为了比较方便,把数值相同的等值线设置成相同的颜色,对比发现不管是最小主应变还是等效应变,相同部位的值都差不多,且都是以锥底为中心形成圆形向锥面扩散的。

综合对比壁厚和厚向应变、最大主应变、最小主应变及等效应变,可以估测最终成形阶段(拉深行程为 58.5 mm 时)的摩擦系数为 0.192。

当拉深行程为 9.6 mm 时,图 4−55 所示为厚向应变分布云图,其最大值为−0.209,即最大减薄率为 20.9%,此时最小壁厚值是 0.791 mm,由此对比数值模拟的分析结果,希望得到最小壁厚为 0.791 mm 的模拟结果。在 0.1～0.2 取摩擦系数进行数值模拟,发现当摩擦系数为 0.183 时,最小壁厚值为 0.793 mm,如图 4−56 所示。

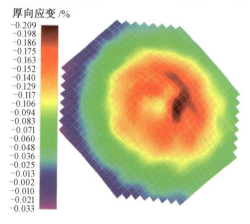

图 4−55 拉深行程为 9.6 mm 时的厚向应变分布图

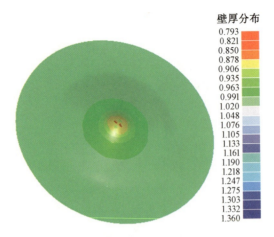

图 4-56 摩擦系数为 0.183 的壁厚分布图

对比发现当凹模与板料的摩擦系数为 0.183 时,实际零件的应变测量结果与有限元分析结果相吻合,由此可以首先估测此时的摩擦系数为 0.183。

当拉深行程为 19.8 mm 时,图 4-57 所示为厚向应变分布云图,其最大值为 -0.353,即最大减薄率为 35.3%(也即最小壁厚值是 0.647 mm),由此对比数值模拟的分析结果,希望得到最小壁厚为 0.647 mm 的模拟结果。取大于 0.2 的摩擦系数进行数值模拟,发现当摩擦系数为 0.214 时,最小壁厚值为 0.646 mm,如图 4-58 所示。

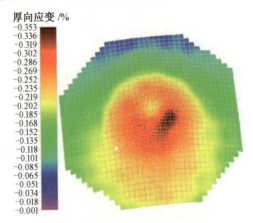

图 4-57 拉深行程为 19.8 mm 时的厚向应变分布图

对比发现当凹模与板料的摩擦系数为 0.214 时,实际零件的应变测量结果与有限元分析结果相吻合,由此可以估测此时的摩擦系数为 0.214。

当拉深行程为 37.7 mm 时,图 4-59 所示为厚向应变分布云图,其最大值为 -0.313,即最大减薄率为 31.3%(也即最小壁厚值是 0.687 mm),对比数值模拟的分析结果,希望得到最小壁厚为 0.687 mm 的模拟结果。取大于 0.2 的摩擦系数进行数值模拟,发现当摩擦系数为 0.208 时,最小壁厚值为 0.684,如图 4-60 所示:

对比发现当凹模与板料的摩擦系数为 0.208 时,实际零件的应变测量结果与有限元

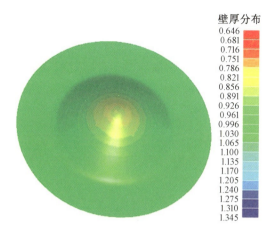

图 4—58　摩擦系数为 0.183 的壁厚分布图

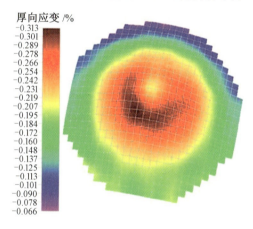

图 4—59　拉深行程为 37.7 mm 时的厚向应变分布图

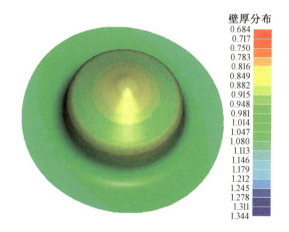

图 4—60　摩擦系数为 0.208 的壁厚分布图

分析结果相吻合,由此可以估测此时的摩擦系数为 0.208。通过上面的分析,得到了筒形件各个阶段的实际摩擦系数,分别为 0.183,0.214,0.208,0.192,图 4—61 所示为成形过程中摩擦系数的变化。从图4—61中可知在筒形件拉深成形过程中,凹模与板材之间的摩擦系数不是一成不变的,而是随着成形件的拉深,摩擦系数先增大,后持续减小。

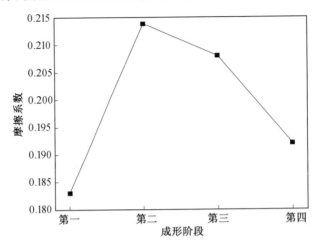

图4—61 各个阶段摩擦系数的变化

在板材拉深成形过程中,摩擦系数的变化是非常复杂的,直接测量出某一阶段的摩擦系数是非常困难的,本节使用应变分析系统得到了成形零件各个成形阶段的应变分布,通过对成形件的应变分析与有限元计算结果的对比来间接估测成形中某阶段的摩擦系数。

4.6 应变分析与成形极限图

成形极限图(forming limit diagram,FLD),是基于应变的成形极限,表示板材在不同的应变状态下的变形极限,在实际生产中得到广泛的应用。为了判断复杂成形过程材料破裂时的应变极限,20世纪60年代Keeler和Goodwin分别通过实验作出了成形极限图的左半部分和右半部分,从而得到了整条成形极限曲线,用来作为材料在各种应变状态下的成形极限标准。它是通过实验方法获得的,采用基于网格分析法得出的材料应变,试验时预先在板料上印制圆形(或方形)网格,将板料成形至缩颈或者破裂,测量可破裂处网格的变形,然后根据长轴或者短轴的长度算出网格所在区域的应变。常用制作FLD的方法有半球形凸模胀形法和圆柱形凸模胀形法两种。

FLD中的纵坐标轴表示最大主应变,横坐标轴表示最小主应变。只要在FLD中描出零件的最大主应变和最小主应变,就能表示出一个零件的应变状态。

FLD可以直观地表示出材料所处的状态,如图4—62所示,图中有两条曲线,在曲线之上的区域为破裂区,在这一区域里的材料已经处于破裂状态;在两条曲线之间是临界区,这一区域是濒临破裂的危险区域,在实际生产中应避免材料处在临界区和破裂区;在两条曲线之下是安全区,在这一个区域里材料是安全的。

在应变测量分析中,FLD主要可以应用在以下几个方面。

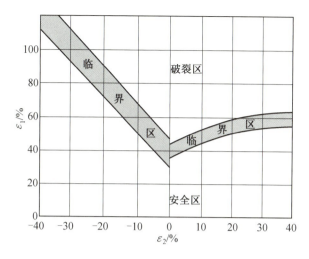

图 4-62 FLD 示意图

1. 对成形过程进行变形分析

由于大型冲压件变形复杂,必须对冲压件各部位的变形进行详细的分析,初步判定各部位的变形性质、变形过程,以及哪几个部位是变形较大,易达到危险程度的区域。利用 FLD 解决塑性破坏问题是十分必要的。

FLD 可以直观地反映成形过程中起皱和破裂缺陷的情况,如图 4-63 所示,云图中灰色部分代表无影响区,绿色部分代表安全区,红色部分代表破裂,深紫色部分代表严重起皱。图 4-63(a) 显示成形后零件破裂严重,经过修改工艺参数,得到了图 4-63(b) 所示的效果,只有少数几个点在破裂区,再进一步优化工艺参数和成形工艺,就可以得到图 4-63(c) 所示的合格零件,所有的点都在安全区,没有破裂的危险。

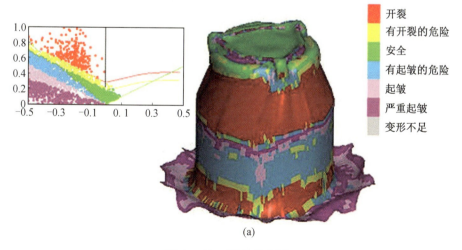

(a)

图 4-63 FLD 的应用

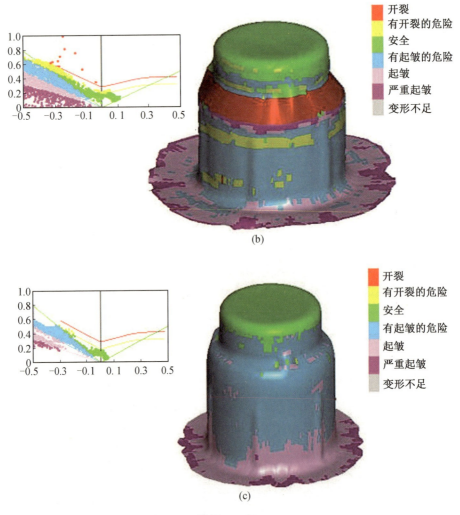

续图 4-63

2. 在模具优化中的应用

图 4-64 所示为汽车结构件,它由板材冲压而成,成形前在板材上印上圆点图案,然后在压力机上成形,经过应变分析软件的处理,得到图 4-65 和图 4-66 所示的计算结果,图 4-65 所示为厚度方向上减薄的壁厚分布云图,图 4-66 所示为此时的 FLD,从图中可以看出,一些测量点超过了材料的成形极限曲线,这表明在这些位置零件会产生破裂或较薄弱,不能满足设计需要。根据此次应变测试的分析结果,对成形模具进行了优化,得到了优化后的成形结果,如图 4-67 和图 4-68 所示,图 4-67 所示为优化后应变分析软件得出的厚度方向上减薄的壁厚分布云图,图 4-68 所示为模具优化后的 FLD,可见所有测量点都在 FLD 之下,说明这个零件是合格的。

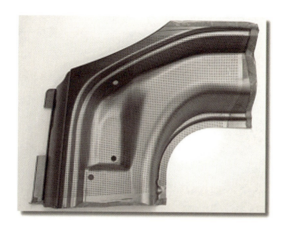

图 4-64　印有圆点图案的冲压零件

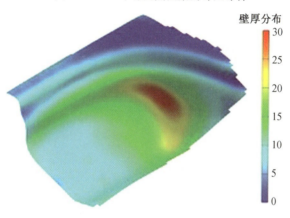

图 4-65　应变测量结果——壁厚减薄破裂

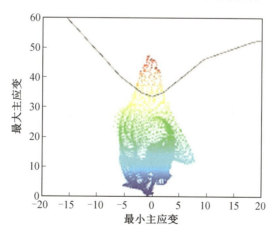

图 4-66　模具优化前的 FLD

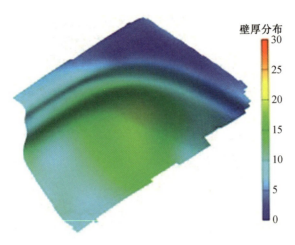

图 4—67　应变测量结果——壁厚减薄未破裂

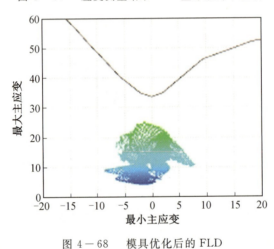

图 4—68　模具优化后的 FLD

3. 对成形件实行分段冲压及测量变形

板材的极限变形受到变形路径的影响,如图 4—69 所示,曲线 1 是变形路径不变时（即比例加载时）板材的极限变形曲线;曲线 2 是先双向等拉再单向拉伸得到的极限变形,它比路径不变时得到的极限变形要小;曲线 3 是先单向拉伸再双向等拉得到的极限变形,它比路径不变时得到的极限变形要大。

所以,必须知道冲压件上不同部位的变形路径,为此,将已印好网格的板料在压力机上分阶段成形,如分成三次或四次完成成形过程,利用分段成形可以确定破裂产生的时刻。在成形一个深度之后,取出板料测量各部位的变形,然后再成形下一个深度,测量各相应位置的变形,直至整个成形过程结束。

将在各阶段测量后计算得到的各网格的变形数据,绘入相应的位置——应变坐标,可得到板料上所测量区域在各阶段的应变分布,如图 4—70 所示;将各测量网格的应变值绘入纵坐标,即可得到其大致的变形路径,如图 4—71 所示。

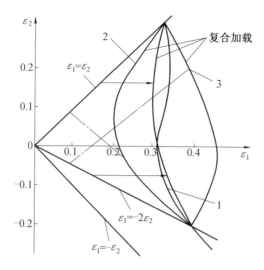

图 4-69 不同变形路径下的成形极限线

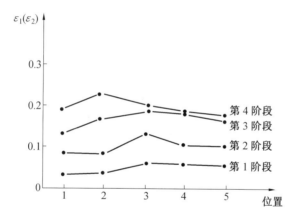

图 4-70 变形分布图

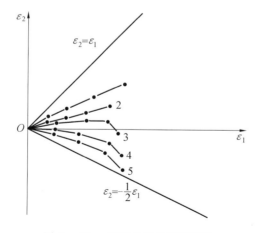

图 4-71 不同位置的变形路径

由图 4-71 可知,位置 1、2 在冲压成形中的变形路径基本上是不变的,而位置 4、5 的变形路径则有较大变化。

4. 利用 FLD 确定改善变形的方向

将在冲压件上测量计算得到的极限变形值绘入该种材料的 FLD 中,就可以看出危险部位的变形状态,从而根据该变形状态确定改善变形的方向。

冲压件危险部位 A、B、C 三处的最大变形处于图 4-72 所示的位置,可见 B 和 C 二点处于临界区,是零件要求所不允许的,必须采取工艺改进措施。

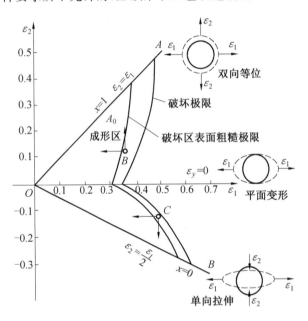

图 4-72 FLD 改善变形的方向

从 FLD 中就可明确地看出其改进途径:图中 B 点位于 FLD 的左侧临界区域,处于 $0.5 \leqslant x \leqslant 1$ 拉—拉区,如果想要 B 点回到安全区内,可以采取减少 1 轴应变或增大 2 轴应变的方式,都可使 B 点进入成形区。通过减小 1 轴方向上的流动阻力,即可减小 1 轴应变。

在实际中对应的具体方法就是减小坯料尺寸,增加凹模圆角半径,改善润滑条件,减小压边力等。增加 2 轴应变可通过增加 2 轴方向的流动阻力实现。具体方法:在该方向上增加坯料尺寸,减小凹模圆角半径,在垂直该方向上加拉伸肋等。

图中 C 点位于 FLD 的右侧临界区域,处于 $0.5 > x \geqslant 0$ 拉—压区内,如果想要 C 点回到安全区内,可以采取减少 1 轴应变或增加 2 轴应变绝对值的方式,都可使 C 点进入成形区。通常情况下,多采用增加 2 轴应变的绝对值的措施。增加 2 轴应变绝对值,可通过减小该方向上流动阻力实现。具体措施与拉—拉区恰好相反。

由此可见,利用 FLD 解决调模时的塑性破坏问题,对不同变形状态下的破坏都可以给出比较明确的调整变形方向。而且变形状态不同,调整方向也不同,并不是在任何情况下减小拉应力都可以解决问题的。

由于板材的成形极限线取决于变形路径(加载历史),而且变形路径发生变化时成形极限线的变化很大,如图4-69所示,所以在使用时必须确切地了解板材的成形极限线在制作中的变形路径和冲压件危险部位的变形路径。只有变形路径相同,使用成形极限线进行对比才有意义。

根据前面所确定的改善破坏部位变形状态的方向,结合破坏的具体部位和模具的具体情况,分析模具各部位参数及冲压条件对该破坏的影响,即可制定出改变冲压条件或修改模具的具体措施。

因此,利用FLD不但可以比较准确地确定冲模调整方向,而且有利于积累材料变形信息,为实际生产和产品换型提供参考。在生产实践中,还可以利用FLD选择合理的冲压材料,设定合适的冲压条件,进行生产过程监控等。

4.7 应变分析与材料硬度

为了研究等效应变与硬度的关系,首先通过单向拉伸实验获得板材力学性能和成形性能;然后应用光学应变测量方法测得板材塑性应变的大小和分布,结合单向拉伸和维氏硬度实验,给出硬度与等效应变的关系曲线,利用该曲线可将数值模拟得到的等效应变转换为硬度分布,间接表征成形件的强度。

实验所用DP590双相钢板材是冷轧钢板,厚度为1.60 mm,其显微组织主要为铁素体和马氏体。由于双相钢是在纯净的铁素体晶界或晶内弥散分布着较硬的马氏体相,因此塑性与强度得到了很好的协调。

先将拉伸试样表面印上网格,如图4-73所示,然后使用Instron5569材料试验机按照5%、10%、15%、20%、25%共5种延伸率进行拉伸试验,得到图4-74所示的试样照片,图中白框所示为后续进行分析的应变测量区域。

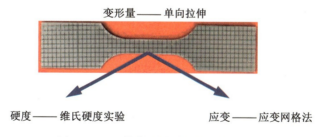

图4-73 拉伸试样印上网格的照片

网格应变分析方法可以获得塑性成形时金属板材表面的应变分布与变化。图4-75所示为应变分析的过程。首先在板材表面印刷网格,经过塑性变形后,在90°方向提取试件二维图像,如图4-75(a)、(b)所示,并根据三维成像原理利用计算机进行处理,得到图4-75(c)所示的三维图像,进而利用成形前后网格变化通过软件计算获得图4-75(d)所示的试件表面应变分布。

图 4-74 不同延伸率的试样

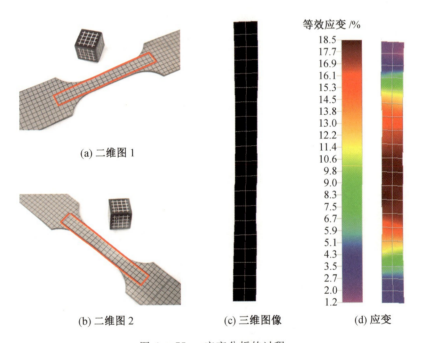

(a) 二维图 1

(b) 二维图 2 (c) 三维图像 (d) 应变

图 4-75 应变分析的过程

硬度表征金属抵抗变形的能力,硬度值的大小实质上是表示金属表面抵抗外物压入所引起的塑性变形的抗力大小。由于加工硬化效果,金属材料变形量不同时,继续塑性变形的抗力不同,从而其硬度值也存在差异。因此,硬度可反映同一材料变形量的差异,即硬度可作为零件局部强度的描述参数,可以反映复杂形状零件的硬化效果。但是数值模拟技术还不能直接得到硬度分布,因此应用一种将数值模拟中应变分布转换为硬度分布的方法,将单向拉伸、硬度实验和网格应变分析技术相结合,通过网格应变分析技术得到试样中心点的等效应变,测得中心点硬度,建立硬度与等效应变关系。

实验中采用 ASAME 应变测试系统对试样应变进行分析,图 4-76 所示为不同延伸率时拉伸试样等效应变分布的实测结果。从图中可以看出,延伸率越大,变形越集中于中心区域。在 HVS-5 维氏硬度机上测量,实验载荷为 49 N,每个试样中心点测量三次并取平均值作为维氏硬度值。图 4-74 所示为 DP590 双相钢拉伸试样中心点处维氏硬度与等效应变关系。从图中可以看出,等效应变在 0.31 以内,维氏硬度随着等效应变的增大而增大。当采用测量或数值模拟等方法得到各点等效应变时,根据图 4-77 所示曲线,在数据点之间采用线性插值方法可得到等效应变对应的硬度值。

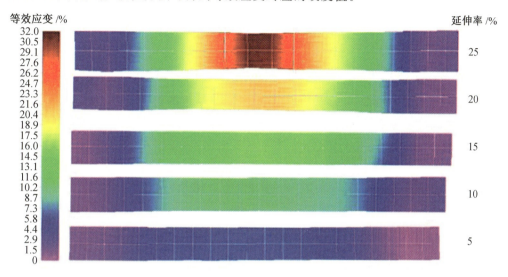

图 4-76 不同延伸率的试样等效应变分布

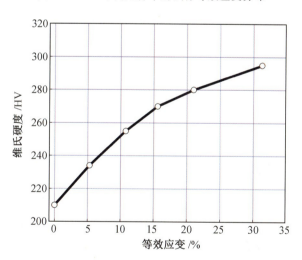

图 4-77 DP590 双相钢硬度与等效应变的关系

综上所述,通过单向拉伸和硬度实验,结合光学应变测量软件,得到了 DP590 双相钢板材力学性能和成形性能,给出了硬度与等效应变的关系曲线,当采用测量或数值模拟方法得到复杂零件各点等效应变时,通过该曲线,在数据点之间采用线性插值方法可得到等效应变对应的硬度值。

4.8 应变分析与壁厚不变线

板料经过拉深成形工艺得到的圆筒形零件,在直壁区域的壁厚分布不均匀,由前文的实验研究结果可知,直壁区域的下半部分壁厚小于初始壁厚,上半部分的壁厚大于初始壁厚,所以在直壁部分肯定存在一个非常细小的区域,壁厚值与初始壁厚值一样大,这个区域称为壁厚不变线。

4.8.1 摩擦系数对壁厚不变线的影响

为了研究凹模与板材间的摩擦系数对壁厚不变线的影响规律,选择初始壁厚为 1.0 mm 的板材进行拉深成形筒形件的有限元模拟实验,在模拟结果中,可以看到存在壁厚不变区域,用一条径向直线将它表示出来就是壁厚不变线。凹模与板材间摩擦系数对壁厚不变线位置影响的具体情况如表 4—2 所示。

表 4—2 壁厚不变线的位置

摩擦系数	壁厚不变线与筒底的距离 /mm
0.01	36.49
0.05	37.58
0.10	39.20
0.20	41.85

图 4—78 所示为拉深成形筒形件的壁厚不变线,从图中可以看出,随着摩擦系数增大,壁厚不变线会增高(相对筒形件底部),且增加的幅度逐渐加大。这是因为随着凹模与板材间摩擦系数的增大,板材受到的摩擦阻力会增大,使凹模圆角区域受到的径向拉应力变大,造成法兰区域的板材流进型腔越来越困难,所以筒形件在型腔部分的壁厚会越来越薄,同样的壁厚值要在更加靠近凹模圆角处才能得到,所以筒形件的壁厚不变线会越来越靠近凹模圆角,即相对筒形件底部,壁厚不变线会逐渐增高。又因为随着摩擦系数的增

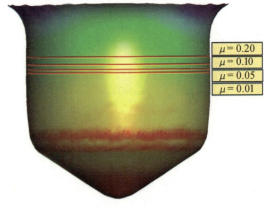

图 4—78 壁厚不变线的高度

加,壁厚减薄率会逐渐加大,且加大的幅度(壁厚减薄率曲线的斜率)也会变大,所以壁厚不变线向上提高的幅度同样会加大。

4.8.2 壁厚不变线与应变的关系

壁厚不变线把筒形件分成三个区域,通过分析摩擦系数对变化不变线的影响,发现壁厚不变线与应变存在某种特定关系,图 4-79 所示为壁厚不变线与应变的关系。

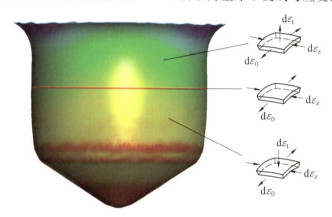

图 4-79 壁厚不变线与应变的关系

由图 4-79 可知,壁厚不变线与应变的关系与摩擦系数的变化无关。对于壁厚不变线所处的区域,板材受平面应力,厚度方向应变增量为 0,所以壁厚不发生变化;在壁厚不变线的上部区域,板材厚度方向的应变增量大于 0,所以壁厚增厚;在壁厚不变线的下部区域,板材厚度方向的应变增量小于 0,所以壁厚减薄。

由体积不变条件及罗德系数公式可知,

$$\mu_\sigma = \frac{2\sigma_2 - (\sigma_1 + \sigma_3)}{\sigma_1 - \sigma_3} = \frac{2\sigma_t - (\sigma_\theta + \sigma_z)}{\sigma_1 - \sigma_3}$$

罗德系数是一个特征量,不会随着坐标系变化而发生变化。根据上式可知它可以表述中间主应力的相对大小,并且和应变类型具有对应关系,因此它可以用来判定应变类型。

根据应力状态和罗德系数的关系可知厚向应力对应变类型及壁厚变化趋势的影响,假设板材受到三向应力,如图 4-80 所示,在此基础上分析厚向应力对应变类型及壁厚变化的影响规律,如表 4-3 所示,壁厚变化与应变的关系如图 4-81 所示。

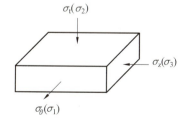

图 4-80 板材三向受力图

表 4-3　厚向应力对应变类型及壁厚变化的影响

板材壁厚变化	增厚	不变	减薄
厚向应力	$\sigma_t > (\sigma_\theta + \sigma_z)/2$	$\sigma_t = (\sigma_\theta + \sigma_z)/2$	$\sigma_t < (\sigma_\theta + \sigma_z)/2$
罗德系数	$\mu_\sigma > 0$	$\mu_\sigma = 0$	$\mu_\sigma < 0$

综上所述，厚向应力对壁厚的变化有直接影响。随着厚向应力大小发生变化，板材壁厚可能增厚、不变或减薄。所以通过调整厚向应力，可以实现对壁厚的有效控制。

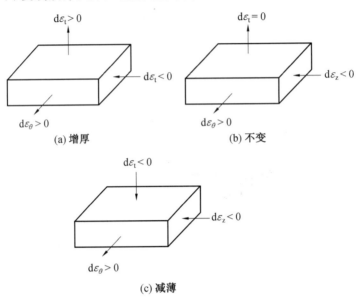

图 4-81　壁厚变化与应变的关系

第 5 章 体积成形的应变测量方法

在材料成形领域,成形工艺一般分两大类,即板材成形和体积成形。板材成形过程的应变测量方法如前文所述,体积成形通常是在密闭模具型腔内进行的,其成形过程中金属的变形流动难以精确测量,如果知道体积成形变形体内应变分布及金属变形流动,可为制定工艺方案及模具设计提供重要的依据。

套环螺纹法是一种能测试体积成形过程中变形及应变分布的一种实验方法,该方法不用替代材料即可实现对原有材料成形过程的测定,并可作为其定量分析的依据。

5.1 套环螺纹法测量应变的原理

套环螺纹法就是利用带螺纹的环套组合起来制成成形所需的坯料,将环套间螺纹线置于需要测量应变的部位,变形后根据螺纹间距的变化进行测量分析进而计算出相应部位的应变数值分布,如图 5-1 所示。根据测量要求的不同,也可适当加入不同数量及直径带螺纹套环,以便螺纹线所处位置与测量部位重合。测量前坯料的制备非常重要,因其与测量的精度直接相关。坯料包括基体、螺纹环和螺柱三部分,每部分都可用原始材料制备,其中基体的内侧面、螺纹环的内外侧面及螺柱的内侧面均须尺寸相同的螺纹,以便它们能够紧密配合。

图 5-2 所示为变形后环料上一段螺纹线。成形试件经切割及打磨后,利用显微镜即可观察并记录螺纹线的变化趋势,然后通过不同螺纹线上螺距变化计算出应变分布。为了便于计算实验中螺纹线上的应变分布,令四边形 $ABCD$ 区域为应变微元体,AB、BC、CD 三段连线中点分别为 P_{n-1}、P_n、P_{n+1},则四边形的中心点 P_n 的轴向应变可按式(5-1)进行计算:

$$\varepsilon_z = \ln \frac{|y_{n+1} - y_{n-1}|}{\Delta y_0} \tag{5-1}$$

式中,Δy_0 为原始螺距,其数值由加工的要求确定。

1. 套环螺纹法的优点

(1)由于螺纹环是以嵌入的形式与基体连接,因此,该方法也适用于几何形状较复杂坯料成形过程的测量研究,如矩形、梯形或三角形等任意形状的坯料都完全适用。

(2)因该坯料是由不同套环间内外螺纹的互锁组合而成,基体、螺纹环和螺柱的材料均相同且配合较好,所以可将制备好的坯料近似看成完整结构,并用于真实工件内部应变分布的测量研究。

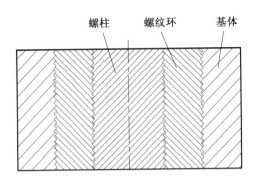

图 5－1　套环螺纹法测试原理示意图

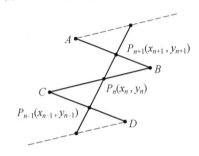

图 5－2　螺纹线上的应变测量

（3）根据测量要求的不同,也可适当加入不同数量内外径均带螺纹的套环,以利于螺纹线所处位置与测量部位的重合,用于测定锻件成形过程中任意阶段和所需部位材料的变形及应变分布情况。

（4）对于特定温度场(或成形过程中温度不均匀分布的情况)及复杂条件下的大塑性变形过程(如自由墩粗),不会发生类似粘合件的开裂。因为此组合件犹如一个相同材料的整体件,所不同的是它是一个可在工件内部所需部位进行应变量化的组合件,即它能在不对工件内部造成较大缺陷的前提下,在内部嵌入可测量应变的"网格",就是具有初始螺距并可进行测量的螺纹线。

（5）不用替代材料即可实现对原有材料成形过程的测定,并可作为其定量分析的依据。

2. 套环螺纹法测量时的要点

（1）选择合适的螺柱直径,理论上螺柱的直径越小越好,但应适度,因为对于较高的工件,过小直径的内螺纹攻丝时有一定难度。

（2）测量点的合理分布。对于轴对称工件,若需研究应变沿径向和轴向的分布,测量点可以分布在不同半径的同心圆的不同方位。图 5－3 所示为在圆柱件上加工 3 个轴向螺纹孔和 3 个径向螺纹孔的合理分布示意图。这样的分布既可避免沿相同方向分布的螺柱过密导致受力的对称性受到削弱,也可以采取较大直径的螺柱使加工更为方便。

（3）避免大应变导致螺柱与螺纹孔界面的焊合,这是此方法成败的关键所在。由于螺柱和工件母体是同种材料,螺柱上的螺纹表面与螺纹孔中的螺纹表面在高温大塑性变形的条件下可能发生焊合,这样就无法进行观察和测量螺纹界线上螺距的变化,更无法计算应变。例如,铝合金环形件压缩后螺纹界面焊合严重,难以分辨和测量,为了避免这种情况的发生,可对螺柱表面进行氧化处理,实践证明这种方法是有效的,经氧化处理变形后的螺纹界面如图 5-4 所示,图中螺纹界面在显微镜下较清晰,易于观察和测量。

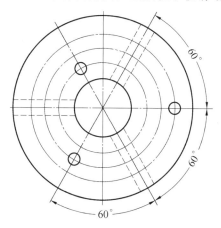

图 5-3　圆柱组合件上的螺柱分布示意图

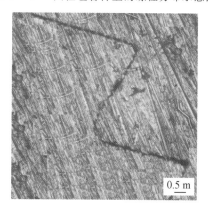

图 5-4　变形后螺纹线的形貌

3. 使用套环螺纹法进行测量的注意事项

(1) 避免复杂大变形过程中环套间螺纹交界面处的焊合,这是该法成败的关键。以铝合金模锻成形过程为例,在高温且复杂的型腔内成形时因变黏而极易使螺纹环间界面发生焊合,无法观察和测量螺纹线上的螺距变化,更不能计算相应部位的应变数值。为了避免此种情况的发生,需对螺纹表面进行阳极氧化处理,经处理后的螺纹表面明显强化,因此可避免在此种情况下发生焊合,且通过相应的实验证明此种方法比较有效可行。

(2) 铝合金阳极氧化膜硬度是影响膜层性能的决定因素,其次是氧化膜厚度。其硬度不仅与铝合金材料及氧化处理工艺有关,还和氧化膜厚度直接相关。通过研究发现,氧化膜太薄,则起不到防止焊合作用;但氧化膜也并非越厚越好,当氧化膜厚到一定程度后,硬度反而下降。同时在实际应用中也不希望氧化膜太厚,否则会影响套环与基体组合后的整体性能。

（3）确定合适的套环数量。理论上套环的数量越多越好，但也应适度。因这样不仅使坯料的制备及加工工序变得复杂，且由于部分国标在实际中应用的较少，所以给螺纹攻丝过程带来一定难度。

（4）当坯料原始外形为非回转体时，可保留最外层基体的几何形状，根据测量的需要，在其相应的部位加工出所需数量的套环即可。

在对套环螺纹法测试机理深入分析的基础上，下面以发动机叶轮和航空轮毂件的模锻成形过程为例介绍实际应变测量的操作和研究。

5.2 发动机叶轮成形的应变分析

压气机叶轮是航空发动机中的关键部件，叶轮的基本结构包括近似锥台的基体及沿圆周循环对称布置的四个径向叶片等，如图 5-5 所示。

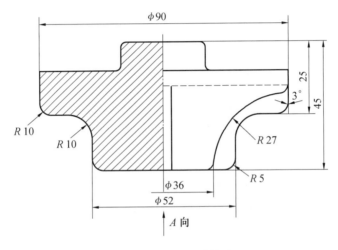

图 5-5　叶轮的结构图

从图中可以看出，该件可看作轴对称结构，因此可以采用圆柱形坯料实现此件的成形。在采用圆柱形坯料进行成形时，金属逐渐向型腔内和轴颈处发生变形流动，同时部分金属有沿径向向外流动而形成飞边的趋势。因此，可将此阶段金属的变形流动特征看成是圆环压缩和类挤压变形模式耦合而成的。

叶轮材料为航空超硬铝合金 7050，为了测量应变，将实验坯料设计为三层套环的结构，原始螺距 1.0 mm。对螺纹表面进行阳极化处理，坯料结构如图 5-6 所示。

采用等温模锻技术成形图 5-5 所示的铝合金叶轮锻件，成形前后螺纹线位置分布如图 5-7 所示。从图中可以看出，即使是在复杂的模具型腔内成形，外轮廓面上螺纹线的位置依然清晰可见，进而可以得到锻件表面处金属的变形流动趋势。为了分析锻件内部的变形情况，需要对螺纹线的变化分布进行测定。将成形后的工件沿中心轴线进行剖切，剖面分别为 A-A 及 B-B 两个面，其位置如图 5-7(b) 所示，进而可实现对筋部及基体

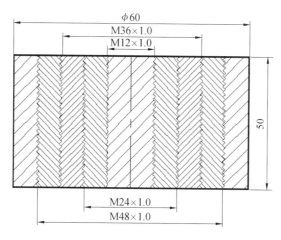

图 5-6 圆柱形坯料结构图

部位螺纹线变化趋势的测量分析。取其中一块对其截面进行仔细打磨后,将其放在显微镜下观察,即可得到坯料子午面上不同位置处的螺纹线分布,部分螺纹线的放大照片如图 5-7 所示。

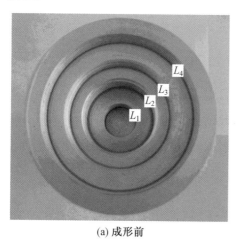
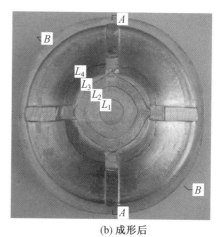

(a) 成形前   (b) 成形后

图 5-7 成形前后螺纹线位置分布

利用显微镜可观察到剖面上螺纹线的分布,进而可以测定螺纹线上各顶点的坐标,由于螺距相对较小且变形较复杂,可以假设相邻螺纹顶点间的螺纹线在变形前后均为直线,将测量得到的螺齿顶点按顺序连接起来,即可得到变形后断面上螺纹线的分布。

5.2.1 典型部位变形流线的分布规律

为了定量分析成形过程中金属的变形流动行为,分别对不同坯料的成形过程进行深入研究,圆柱形坯料成形中不同截面处螺纹线的分布如图 5-8 所示。

图 5-8(a) 所示为原始坯料剖面上螺纹线的分布。模锻过程中材料在复杂的模具型腔内发生了显著地塑性变形和流动,进而使流线分布也发生了相应地改变。图 5-8(b)

所示为沿 $A-A$ 截面处螺纹线的分布,可以看到,螺纹线 L_1,L_2 两处金属沿径向向内流动。从螺纹线 L_1 沿轴向呈伸长趋势可知,该处金属同时沿轴向也发生了显著地变形流动。成形过程中螺纹线 L_3,L_4 处靠近上模处金属则明显向外流动,因此,螺纹线 L_2,L_3 间的金属必然产生流动分界面。当金属充满筋部后,螺纹线 L_3,L_4 处靠近上模的金属有向外流动而形成飞边的趋势。图 5−8(c) 所示为 $B-B$ 截面处螺纹线的分布,从图中可以看出,仅螺纹线 L_1 处的金属有沿径向向内流动的趋势,其余螺纹线处的金属均沿径向外流。与筋部螺纹线的变化分布相比,螺纹线 L_4 处金属在充满模腔后金属大量沿径向外流形成飞边。

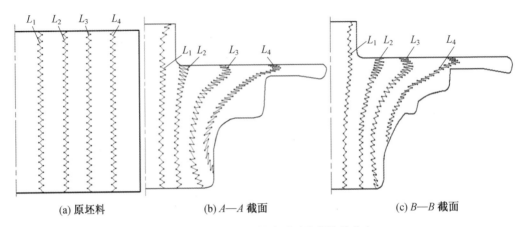

(a) 原坯料　　　　(b) $A-A$ 截面　　　　(c) $B-B$ 截面

图 5−8　圆柱形坯料变形后的螺纹线分布

从螺纹线间距的变化趋势可以看出,螺纹线 L_1 处金属沿轴向发生了显著地流动,进而使轴颈处型腔充填完好。与 $A-A$ 截面相比,螺纹线 L_4 的间距则明显地减小,因此可知,该处金属沿轴向向上也产生了显著地变形流动。进一步说明了主体部位较筋部型腔容易充填,当此处在成形完毕后,向外流动形成飞边的金属较多。

5.2.2　典型部位应变的分布规律

将利用显微镜观察并测得螺纹线上各顶点的坐标值分别带入式(5−1)进行计算,即可得到不同坯料成形后螺纹线上相应部位的应变分布。

通过计算可得到圆柱形坯料成形后两个截面上螺纹线 L_1,L_2,L_3,L_4 上各点的轴向应变数值,其结果如图 5−9 所示。

从图 5−9 中可以看出,两个截面上螺纹线 L_1,L_2 处轴向应变均为正值,其变化分布趋势较相似,即随着与上模端面距离的增加,应变数值逐渐呈减小趋势分布。但 $B-B$ 截面处相应部位的应变数值略大于 $A-A$ 截面处,且螺纹线 L_1 上应变峰值也移到坯料的中部。两个截面上螺纹线 L_3 和 L_4 处轴向应变的数值差异则较大。其中,$A-A$ 截面上螺纹线 L_3,L_4 处测得轴向应变仍为正值,并逐渐呈减小趋势分布,而 $B-B$ 截面处螺纹线 L_3 上各点的轴向应变呈先增大后减小的变化趋势,螺纹线 L_4 上各点则呈逐渐减小趋势分布。

综上可知,圆柱形坯料成形过程中叶片部位和基体内侧区域里不同螺纹线上各点沿

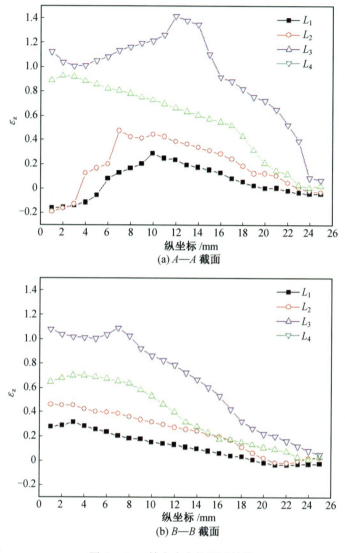

图 5-9 轴向应变的测试结果

轴向的变形趋势是自上而下逐渐减小,基体处内侧靠近上模的局部区域里,材料有沿轴负向发生变形流动的趋势。

同样,通过计算可得到不同截面上螺纹线处各点径向应变的数值分布,如图 5-10 所示。可以看到,不同截面上螺纹线处各点径向应变数值均呈逐渐减小的趋势分布。其中,$A-A$ 截面上各点数值逐渐由正变为负;$B-B$ 截面上不同螺纹线处各点数值均为正。从应变数值的对比可知,此截面处螺纹线上测得的应变数值均高于 $A-A$ 截面的相应部位。

由此可知,成形过程中基体部位不同螺纹线上各点均有沿径向向外发生变形流动的趋势。其中,靠近上模部位材料的变形趋势较为显著,随着与上模端部距离的增加变形流动逐渐呈减小变化;叶片截面处不同螺纹线上部的金属有明显的沿径向外流的变形趋势,但由于模具结构的不同,该处底部区域内的材料则有沿向内变形流动的趋势。

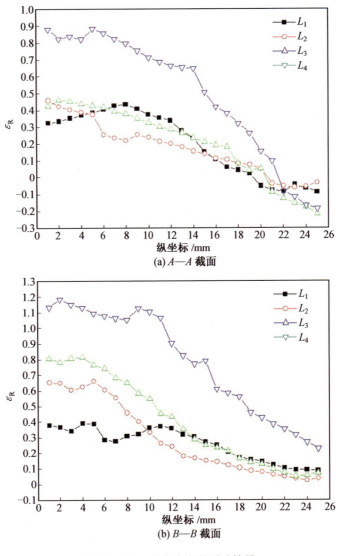

图 5-10 径向应变的测试结果

5.3 航空轮毂件成形的应变分析

航空轮毂件是一个重要的传动结构部件,由于其在工作中要承受较大的扭矩载荷,因此,对其成形过程的精度要求较高,目前较常用的成形方式是等温模锻技术。成形模具的结构如图 5-11 所示。

实验采用的材料为 LY12 硬铝合金,上模的下移速度为 2 mm/s,成形温度为 430 ℃,润滑剂为水基石墨。坯料的初始外径和高分别为 90 mm 和 20 mm,原始螺距为 1.0 mm。尽管带螺纹套环的数量越多可以测得越多部位的变形情况,但是这将明显使加工难度加大,且对坯料的整体性有较大影响。综合考虑加工难易及测量部位等各种因素的影响,这里坯料选用三个套环的结构形式。

由于螺纹环以嵌入的形式与基体连接,因此,该方法也适用于几何外形较复杂坯料的制备,由于成形温度较高,铝合金会因变黏而使螺纹环间界面发生焊合,所以,实验前需采用阳极氧化的方法对套环带螺纹的表面进行处理,以防止焊合。

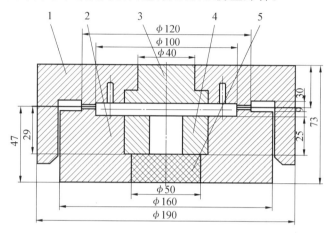

1—上模;2—下模;3—上模顶出机构;4—芯模;5—垫片
图 5-11 实验模具结构示意图

图 5-12 所示为成形前后样件的俯视图,通过表面上螺纹线位置的分布对比,可以看出即使是在高温且复杂的型腔内成形,外轮廓面上螺纹线的位置依然清晰可见,且从螺纹线位置的变化可以看出表面处金属的变形流动趋势。

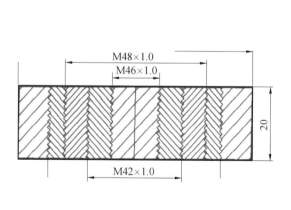 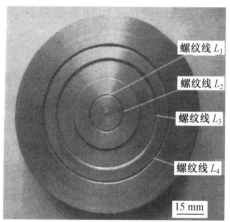

(a) 毛坯尺寸及实物照片

图 5-12 成形前后螺纹线位置分布

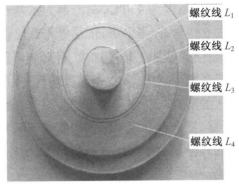

(b) 成形后

续图 5-12

将成形后的工件沿轴线切割成对称几块,取其中一块对表面进行仔细打磨,即可得到坯料子午面上不同位置的螺纹线分布。将其放在显微镜下观察,即可得到剖面带螺纹线的构件照片,如图 5-13(a) 所示,部分螺纹线的放大照片如图 5-13(b) 所示。

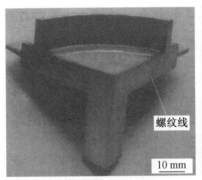
(a) 成形构件截面上螺纹线

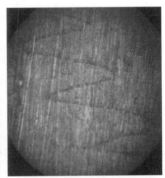
(b) 螺纹线的放大照片

图 5-13 成形构件截面上的螺纹线

利用显微镜可以观察并测定螺纹线上各顶点的坐标,由于螺距较小,且变形较复杂,可以假设相邻螺纹顶点间的螺纹线在变形前后均为直线,将测量得到的螺齿顶点按顺序连接起来,可以得到变形后断面上螺纹线的分布,如图 5-14 所示。

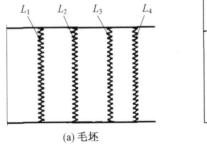
(a) 毛坯

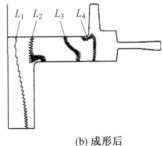
(b) 成形后

图 5-14 显微镜下测得的螺纹线

从图 5-14 中螺纹线的分布趋势可以看出,成形过程中螺纹线 L_1,L_2 处金属都向内产生了变形流动,特别是螺纹 L_1 线处靠近上模及螺纹线 L_2 处靠近下模部位的金属,沿径向向内流动的趋势更为明显,螺纹线 L_3,L_4 处金属则继续沿径向向外流动。随着成形过程的进行,金属向外流动的趋势更为显著。同时,不同螺纹线处金属沿轴向也发生了明显的变形流动。且从螺纹线的分布来看,螺纹线 L_1 处金属沿轴向流动趋势较为明显,直至完全充填模腔。由螺纹线 L_4 的分布可以看出,金属沿轴向外流的同时,有明显的沿轴向流动进而向筋部充填的趋势。

利用式(5-1)计算可得到轴向螺纹线 L_1,L_2,L_3,L_4 上各点的轴向应变数值。模拟过程中假设环料无缺陷,即不考虑实验中各套环加工所产生的配合间隙的影响,其他模拟条件均与实验相同。通过有限元后处理结果提取出相应部位的轴向应变数值进行对比,如图 5-15 所示。

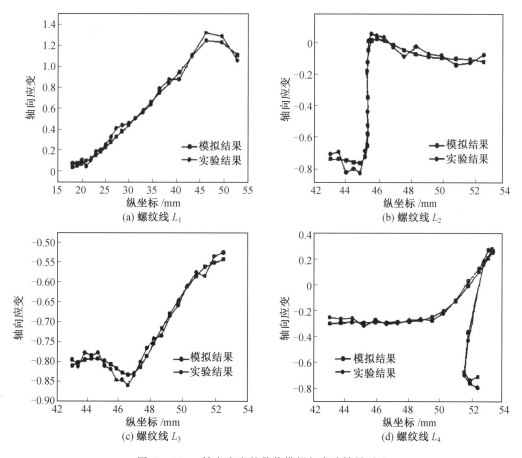

图 5-15 轴向应变的数值模拟与实验结果对比

图 5-15(a)、(b)、(c)、(d) 所示分别为螺纹线 L_1,L_2,L_3,L_4 上各点轴向应变的模拟与实验结果。对比可知,利用该方法测得轴向应变与数值模拟结果数量及趋势上均有较好的对应关系,因此,套环螺纹法方法可以作为测定金属体积成形过程中应变分布的一种实验手段。

5.4 等径侧向挤压成形的应变分析

前文介绍了体积成形中套环螺纹法测量应变的原理和实例,在该方法没有出现之前,一般只能从塑性力学分析的角度对体积成形过程的应变分布进行研究,下面以体积成形中的等径侧向挤压成形为例,应用平面纯剪切变形应变分析的结果,对等径侧向挤压变形的应变进行分析,得到等径侧向挤压变形真应变和等效真应变的计算公式,分析循环等径"S"型侧向挤压真实应变和等效应变的变化规律。

由于等径侧向挤压法具有在对变形体变形时不改变其外观尺寸形状的特点,变形可以在一套模具内循环进行,从而使应变逐渐累积起来,可以得到非常大的应变量,常被用来制备比较大的块状细晶材料。

侧向挤压是变形体沿着某一方向被挤出,而这个方向与挤压方向不同也不相反的一种挤压方法。侧向挤压与径向挤压不同。径向挤压时,变形体是沿着径向往四周方向被挤出的,而侧向挤压时,变形体是沿着某一单一方向被挤出的。

侧向挤压时,变形体横截面积是可增可减的。如果横截面积不变,则可以称此侧向挤压为等径侧向挤压。等径侧向挤压过程如图 5-16 所示。

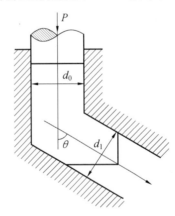

图 5-16 等径侧向挤压($d_0 = d_1$)

等径侧向挤压时,无论变形体横截面积为圆形、方形或其他形状,变形均属于平面应变问题。其应变过程分析如图 5-17 所示。

设变形单元为 $OABC$,变形后为 $OEGA$。为了便于分析,可假设变形过程分为两步,第一步为变形单元 $OABC$ 刚体平移到 OO_1FA,第二步为 OO_1FA 纯剪切变形到 $OEGA$。

第一步没有变形,故不用考虑。考虑到变形为等径侧向挤压,作过 O 点且垂直于 OA 的直线,交 O_1E 于 D,则有

$$\angle O_1 OD = \angle DOE = \frac{\theta}{2}$$

式中,θ 为侧向挤压角。

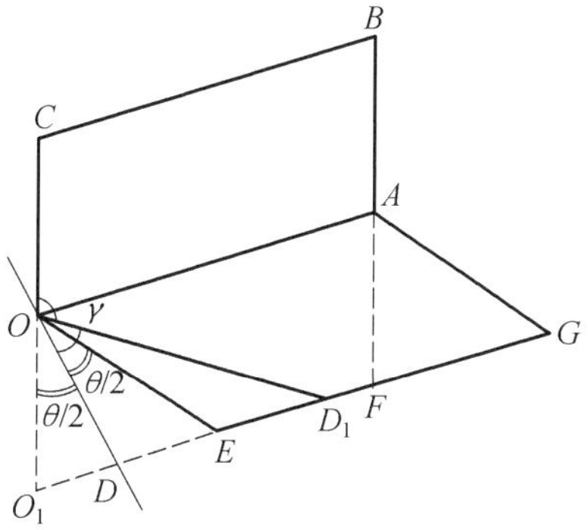

图 5-17 等径侧向挤压变形单元应变分析

纯剪切变形时,$O_1 \to E$,$D > D_1$,$F > G$,故有
$$O_1D = DE = ED_1$$

设 $\angle DOD_1 = \gamma$,则有

$$\tan \gamma = 2\tan \frac{\theta}{2} \tag{5-2}$$

从式(5-2)的推导过程可知,等径侧向挤压的应变分析同纯剪切变形的分析是一样的,而且等径侧向挤压时的侧向挤压角实质上与分析平面纯剪切变形时的应变特征角是相同的。这是应变特征角的又一个特征。

由此可知,等径侧向挤压时,真实应变表达式应为:

$$e'_{11} = \ln\left(\sec\frac{\theta}{2} + \tan\frac{\theta}{2}\right) \tag{5-3}$$

$$e'_{12} = 0 \tag{5-4}$$

$$e'_{13} = \ln\left(\sec\frac{\theta}{2} - \tan\frac{\theta}{2}\right) \tag{5-5}$$

等效应变表达式为:

$$\bar{e}'_1 = \frac{\sqrt{2}}{3}\sqrt{(e'_{11} - e'_{12})^2 + (e'_{12} - e'_{13})^2 + (e'_{13} - e'_{11})^2} = \frac{2}{\sqrt{3}}\ln\left(\sec\frac{\theta}{2} + \tan\frac{\theta}{2}\right) \tag{5-6}$$

"S"型等径侧向挤压实质是经历一次挤压角为 $+\theta$ 的等径侧向挤压之后,又经历了一次挤压角为 $-\theta$ 的等径侧向挤压的变形过程,如图 5-18 所示。

在经历第一次挤压角为 $+\theta$ 的等径侧向挤压之后,变形体获得的真实应变和等效真应变可由式(5-3)~(5-6)描述,同理,在经历了第二次挤压角为 $-\theta$ 的等径侧向挤压后,变形体获得的真实应变可由以下公式表达:

$$e''_{11} = \ln\left\{\sec\left(\frac{\theta}{2}\right) - \tan\left(\frac{\theta}{2}\right)\right\} = \ln\left(\sec\frac{\theta}{2} - \tan\frac{\theta}{2}\right) \tag{5-7}$$

$$e''_{12} = 0 \tag{5-8}$$

$$e''_{13} = \ln\left\{\sec\left(\frac{-\theta}{2}\right) - \tan\left(\frac{-\theta}{2}\right)\right\} = \ln\left(\sec\frac{\theta}{2} + \tan\frac{\theta}{2}\right) \tag{5-9}$$

等效真应变的表达式为：

$$\bar{e}''_1 = \frac{\sqrt{2}}{3}\sqrt{(e'_{11}-e'_{12})^2+(e'_{12}-e'_{13})^2+(e'_{13}-e'_{11})^2} = \frac{2}{\sqrt{3}}\ln\left(\sec\frac{\theta}{2}+\tan\frac{\theta}{2}\right) \tag{5-10}$$

变形体在经历了一次"S"型等径侧向挤压后，其真实应变为零，即

$$e_1 = e'_1 + e''_1 = 0 \tag{5-11}$$

而等效应变不为零，即

$$\bar{e}_1 = \bar{e}'_1 + \bar{e}''_2 = \frac{4}{\sqrt{3}}\ln\left(\sec\frac{\theta}{2}+\tan\frac{\theta}{2}\right) \tag{5-12}$$

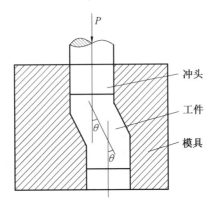

图 5-18 "S"型等径侧向挤压示意图

经过 N 次"S"型循环等径侧向挤压变形后，变形体的真实应变和等效应变的变化规律如图 5-19 所示。

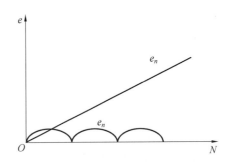

图 5-19 "S"型循环等径侧向挤压真实应变和等效应变变化示意图

变形体最终的真实应变是零，说明其外观尺寸变化为零，或者说外观形状保持不变，保持着变形前的形状。而等效真应变与循环次数呈正比关系。随着循环次数的增加，变形体内部可以积累很大的应变量，对变形体的微观组织产生很大的影响。

综上所述，等径侧向挤压变形时，变形是平面剪切变形，其真实应变和等效应变可由式(5-2)和式(5-5)计算。"S"型循环等径侧向挤压变形时，其真实应变等于零，而等效真应变不为零。

第6章　应变测量系统

6.1　主流的光学应变测量系统

目前国内外已经开发了多个光学应变测量系统,按照硬件结构可以分为单目视觉测量系统和双目视觉测量系统两大类;按照软件设计原理可以分为二维测量系统和三维测量系统两大类;按照测量的方式可以分为离线测量系统与在线测量系统。主流产品有德国GOM公司的ARGUS、ARAMIS测量系统,美国ASAME公司的测量系统,荷兰CORUS公司的PHAST测量系统等产品,国内有北航的GMAS系统、深圳海塞姆公司的视觉应变仪等。

6.1.1　德国GOM公司的应变测量系统

德国GOM公司开发的光学应变测量系统是目前国外比较成熟的应变测量系统,并且形成了系列产品,用于光学应变测量分析的系统有ARGUS系统和ARAMIS系统。

(1)ARGUS系统。

ARGUS系统是一套基于数码相机的便携式网格应变测量系统,试件表面一般是实心圆点的网格类型,通过将一些数码标记点和一个(或多个)比例尺放在被测零件周围,利用数码相机从多个角度拍摄照片。

ARGUS系统将自动对每幅图像进行分析,定义每一个圆点的圆心,包括数码标记点。借助数码标记点,将所有的照片进行整合计算,获得空间相机的位置,建立照片间的空间关联,从而获得每个图案圆点圆心的空间坐标,相邻的4个圆点可以计算该位置的局部应变,由此可以得到整个试件的应变分布。

(2)ARAMIS系统。

ARAMIS系统是一套在线式的应变测量系统,通过在试件的表面处理出随机或规则的图案,一般为随机的斑点网格,加载后通过不同变形阶段测量区域图案的匹配,采用摄影测量技术精确得到试件变形区域的三维坐标值,进而求得整个试件的应变场。

6.1.2　美国ASAME公司的应变测量系统

美国ASAME公司开发的网格应变测量系统包括:采用CCD摄像头和工作台的Table Model—ASAME系统、采用数码相机的Target Model—ASAME系统,测量单个网格的显微型测量系统(GPA系统),以及二维在线测量系统(2D—ASAME系统)。

(1) ASAME 系统。

Table Model—ASAME 应变测量系统有一个能准确转动与控制的工作平台机构,它能够确定被测量物体与 CCD 摄像机之间的几何位置关系。其结构比较复杂,造价相对较高,这种系统的使用受工作平台的影响,测量范围受到一定限制。

Target Model—ASAME 系统是一种方便快捷的应变测量系统,它利用了一个标准目标块为参照物,作为测量的标定,能够快速自动地重建被测量试件的三维形状并进行应变分析。Target Model—ASAME 系统可以和笔记本电脑组成便携式测量系统,使用非常方便,并且不受零件大小的限制,非常适合现场工程应用。

ASAME 网格应变测量系统主要应用范围:有限元设计(FEA)的确认;锻压成形研究;冲压模具设计及检验;冲压工艺研究;材料分析;成形极限曲线分析;材料选择;不合格材料问题查找;不同处理过程材料的对比。功能强大的 ASAME 应变测量系统软件具有以下功能:黑白零件图显示;自动网格修复处理;主要应变、次要应变和厚度应变计算;三维图像处理;成形极限曲线;各节点应变方向;计算机辅助对焦编辑;彩色应变分布;显示各节点应变方向图;轮廓极限图显示与分析;网格交界线修补;多模块拼接。图 6-1 所示就是软件的拼接功能,对于比较大的零件,可以分成几个部分进行拍摄,然后在 ASAME 应变测量系统软件中使用拼接功能合成为一个整体。

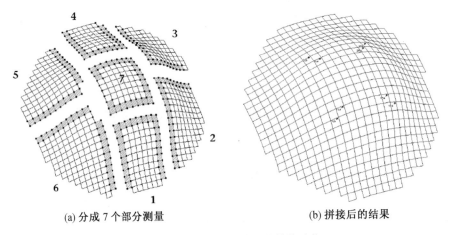

(a) 分成 7 个部分测量   (b) 拼接后的结果

图 6-1 应变测量结果的拼接功能

(2) GPA 系统。

GPA 系统是一种用于测量和分析单网格应变的显微型测量系统,它由一个专门设计的 CCD 摄像机和计算机的 USB 通信采集图像,配合专门开发的应变测量软件,专门用于板料成形极限图和零件局部变形分析。与照相式应变测量系统的不同之处在于它需要逐个测量单个的变形圆,不能通过一次测量完成对零件的应变分析。由于显微型应变测量系统的焦距和物距是固定的,因此其测量范围与测量精度也是固定的。

6.2 ARGUS 应变测量系统的实际应用

ARGUS 应变测量系统是德国 GOM 公司出品的用于静态变形测量的网格应变测量系统。它主要用于研究和分析板料成形特征,分析板料变形,侦测临界变形区域,确定拉伸导致的隐伤,验证和优化有限元仿真,在试模过程中对模具进行快速优化,调整模具参数,调整压机参数和修模等方面。该系统的组成如图 6—2 所示。

图 6—2 ARGUS 应变测量系统组成

ARGUS 系统可以获得全场三维应变数据,并具有很高的测量分辨率和精度,以满足不同测量范围需要,其中包括小尺寸钣金件和大型复杂零件。配合强大的软件分析功能,满足各种测试需求,包括侦测临界变形的部位、解决复杂的成形问题、优化冲压工艺、冲压模具检验、对仿真计算结果的验证和优化等。ARGUS 系统具有良好的实用性和耐用性,是材料成形分析领域的顶级测量系统之一。

ARGUS 系统的主要技术参数如表 6—1 所示。

表 6—1 ARGUS 应变测试系统技术参数

系统配置	2M/5M/24M
安装	手持测量 / 固定测量
质量 /kg	0.7
相机分辨率(2M)	1 600 像素 × 1 200 像素
相机分辨率(5M)	2 448 像素 × 2 050 像素
相机分辨率(24M)	6 000 像素 × 4 000 像素
测量范围	100 mm^2 —>> mm^2
测量参考标	类型 10 000 ~ 1 000 000
应变范围	0.5% ~ > 300%
应变精度	~ 0.1%
标定	自标定

ARGUS 系统的测量原理和功能如下,ARGUS 系统利用高分辨率的数字相机对成形后的零件进行三维测量,然后 ARGUS 软件进行图像分析和处理。利用图像识别技术,识别出预先印制的网状分布的圆点 / 椭圆点。根据摄影测量原理,利用光束平差算法,结合

相机空间位置和镜头畸变,得到网格点的三维坐标。由全部网格点确定成形后零件的表面空间几何形状,所有网格点连接成与冲压前规则网格对应的方形网格。

通过对每个网格空间三维坐标变形的计算,可以计算出零件表面网格范围内的局部应变值,遵照塑性成形体积不变的原理,可以计算出板材厚度方向的减薄量。对于厚板成形,可以采用同样的计算方法计算板材中心的变形值。

每次测量可以获得数以百万计的局部应变数据,这些应变结果以三维应变彩图直观显示。还可以利用标注,在选定的局部点标出具体的应变结果。也可以沿任意方向和位置,生成截面的应变曲线。

当被测材料的成形极限曲线(FLC)输入分析软件里,ARGUS 软件即可自动根据实际测量的应变数据,生成该零件的成形极限图(FLD),用于对成形过程进行变形分析和评估。使用 ARGUS 软件,可以自行设定报告模板,快速创建测试报告。下次测量时,只需使用菜单,ARGUS 会自动完成所有评估计算并生成测试报告。使用 ARGUS 系统,整个测量、评估和编制测试报告的过程变得简单、安全和快速。另外,ARGUS 系统具备系统自标定能力,免除了测量前的标定程序。

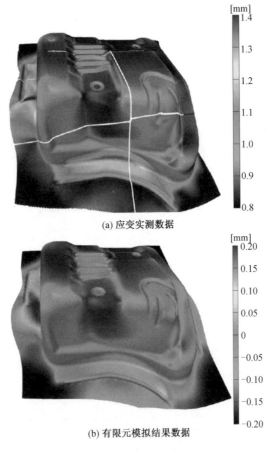

(a) 应变实测数据

(b) 有限元模拟结果数据

图 6-3　验证有限元仿真结果

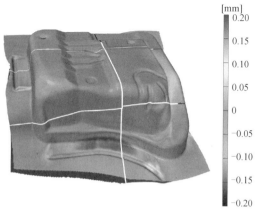

(c) 应变实测数据与有限元模拟结果数据的对比

续图 6-3

此外,ARGUS 的测量数据可以起到验证有限元仿真结果的作用,首先将数值模拟的计算结果数据导入,将空间坐标系对齐,然后分析零件表面几何形状的偏差,在有限元计算数据上创建实测数据的映射点,通过软件计算有限元 FEA 与实测结果的偏差,就可以清晰地对比出有限元仿真结果与实际应变测量结果之间的差别,从而可以验证有限元仿真的结果,如图 6-3 所示,这样就可以进一步调整有限元仿真的模拟参数来提高数值模拟的精度。它的主要功能体现在:验证有限元计算的边界条件,优化有限元仿真程序,对比等效应变等方面。

应变测量的结果和有限元模拟的应变分布结果因材料的不同而有所区别,如图 6-4 所示,是验证有限元仿真几何边界的示意图。

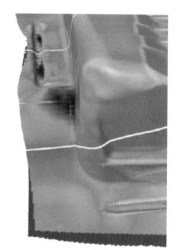

(a) 应变实测数据　　　　(b) 有限元模拟结果数据　　　　(c) 数据对比

图 6-4　验证有限元仿真结果

图 6-5 所示为验证有限元仿真结果拉延筋影响的示意图,仿真拉延筋计算时,假定零件的受力是均匀的,有限元仿真结果和应变实测数据的对比结果如图 6-5(c)所示。ARGUS 系统的对比数据支持 ABAQUS、Matlab、MSC 等常用仿真软件。

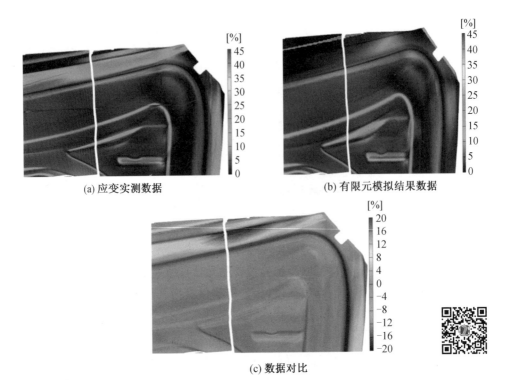

(a) 应变实测数据　　(b) 有限元模拟结果数据

(c) 数据对比

图 6-5　验证拉延筋的影响

验证有限元仿真结果还可以进行工艺稳定性的控制,现场对冲压工艺、模具和材料进行监控,模具量产前的检验和验收,生产过程中的质量控制。修模前关键部位变形接近变形极限,试件易受工艺和材料的影响,即使关键区域没有超过 FLD 的曲线,也会影响零件的整体质量。图 6-6 所示为修模前后的数据对比和成形极限图。

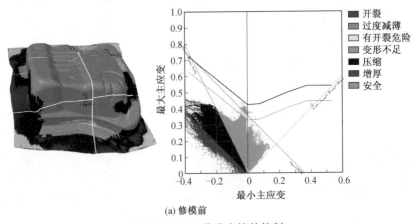

(a) 修模前

图 6-6　工艺稳定性的控制

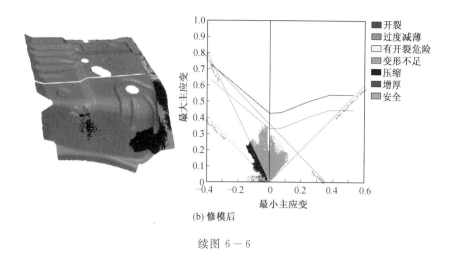

(b) 修模后

续图 6—6

6.3　ASAME 应变分析系统的操作步骤

（1）印制网格。

ASAME 应变分析系统测量零件的第一步是在材料成形前，在板料上印上网格，常用的网格就是方形网格和圆形网格，使用电化学蚀刻法或丝网印刷法把网格印到板料上。图 6—7 所示为使用电化学蚀刻法印制的网格板材，图 6—8 所示为使用丝网印刷法印制的网格板材。

图 6—7　采用电化学蚀刻法印制的网格板材

（2）成形零件。

把带有网格的板料放到成形设备的模具里进行成形，然后取出成形后的零件，取出时注意避免模具的刮碰以免使网格受到损坏。

（3）拍摄图像。

使用数码相机或专业摄影设备在两个不同方向上对成形后的零件进行拍摄以获取图像，如图 6—9 所示。拍摄时应尽量使用三脚架和快门线以保持稳定，并保证充足的光线。

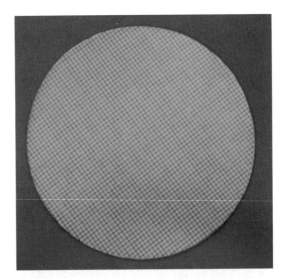

图 6-8　采用丝网印刷法印制的网格板材

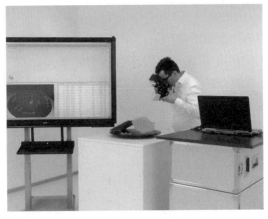

图 6-9　拍摄零件照片

按照 ASAME 应变测试系统的要求规范，拍摄前使用黑色碳素笔在成形零件表面标记四个圆点来选择测量区域，把参照块放置在测量区域的上面，ASAME 应变分析系统自带两个参照块，它是一个正六面体，每个面有不同的点和线段，如图 6-10 所示，分别用于不同尺寸零件的测量，参照块的作用是为应变分析软件在后期处理合成零件三维图形时提供必要的基准，不同应变测量系统的参照块是不同的，有的不是一个，拍摄时零件周围需要摆好几个，有的系统将其称为标记块或标记卡，但其测量原理是一样的。

接着对被测零件和参照块进行拍摄，照相机的对焦中心和曝光区域应对准测量区域而不是参照块，在照完一张照片后，转换另一个角度再拍摄一张，这样就得到了两张不同角度的带有参照块和被测零件的照片，如图 6-11 和图 6-12 所示，分别是一个圆筒形零件和一个法兰零件测量时拍摄的两组照片，在这个过程中不要移动被测零件和参照块。

图 6—10　应变测试系统用的参照块

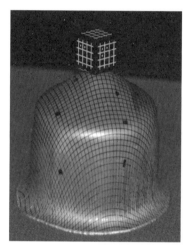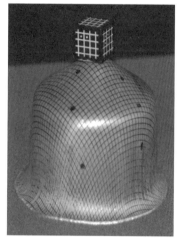

图 6—11　圆筒件的测量照片

图 6—12　法兰件的测量照片

（4）软件处理。

按照 ASAME 应变分析软件的操作流程进行网格的修补和应变测量，具体步骤如下。

① 运行环境的初始化设置。如图 6—13 所示，首先需要在功能设置界面进行网格应变测量系统的基本参数设定，在"Grid Size"中选择网格尺寸，"Target Size"中选择参照块

的尺寸，ASAME 系统提供两个不同尺寸的参照块，一个大的一个小的，分别对应大、小两类测试零件。然后，在"Thickness"中输入测试零件的壁厚尺寸，图中壁厚选择的是 0.7 mm，在"Grid Shape Square"中选择网格形状，系统中一共有 6 种网格形状供选择，如图 6-14 所示。最后，在"Units"中设置单位制系统，分为公制和英制，图中选的就是公制。设置好上述参数后，单击"Done"确认。

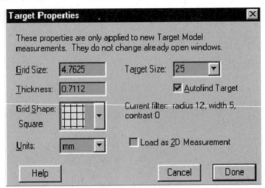

图 6-13　系统初始化设置

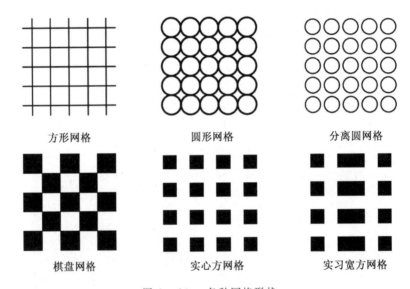

图 6-14　各种网格形状

② 载入图像。将照好的一张零件照片导入 ASAME 软件系统中，要识别出图像中的参照块，用鼠标勾选出参照块的边界线，然后在"menu"菜单中单击"Autofind Target"，如图 6-15 所示。参照块被识别成功后，在软件左侧的工具栏中，单击"Select"按钮，如图 6-16 所示，选取所要测量的区域，将之前所画的四个点用鼠标圈选出来，如图 6-17 所示。

③ 提取测量区域。在软件左侧的工具栏中，单击"Trim"按钮，将所要测量的区域提取出来，如图 6-18 所示，然后在工具栏中，单击"Thin"按钮，将选取的网格线条变细，如图 6-19 所示。

图 6-15　识别参照块

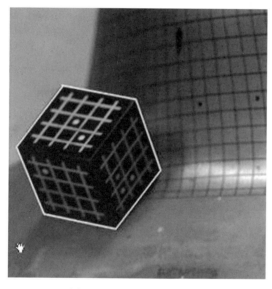

图 6-16　选择测量区域

④ 修补网格。这一步是在网格应变测试系统处理中最费时间的一个步骤。首先在 ASAME 应变测试系统中对于网格的认定有几个识别准则，最基本的条件就是必须保证网格是"井"字格这种标准网格才能被系统认为是合格的网格，如果是"田"字格，则不能被识别，如图 6-20 所示。如果正常要测试的网格不是"井"字格就需要手动将其改为"井"字格，如图 6-21 所示。

另外在显示的网格里，如果有断线，就要用鼠标作画笔给连上，如图 6-22 所示。

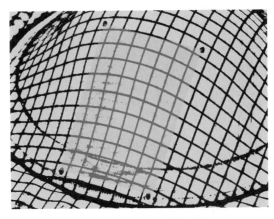

图 6-17 测量区域的确定

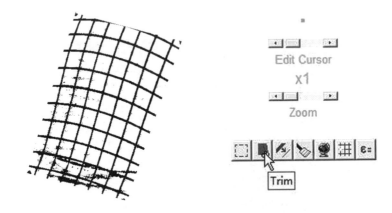

图 6-18 提取测量区域

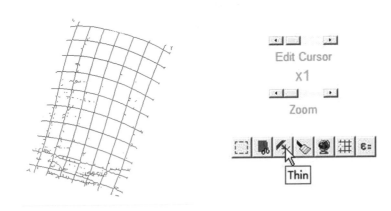

图 6-19 网格线条变细

如果选取的测量区域有污迹或污点,可以使用软件中的橡皮擦功能把污迹或污点擦除,如图 6-23 所示。

如果图片中有多余的线条,可以不必把线条全部擦除,只需把线条打断即可,如图 6-24 所示,按照软件系统设定的识别规则,如果是不连续的线将不会被识别。

合格网格　　　　　　不合格网格-没有延长线

图 6-20　合格网格和不合格网格

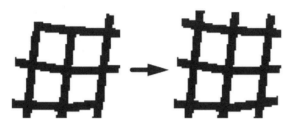

图 6-21　修补网格-"井"字格

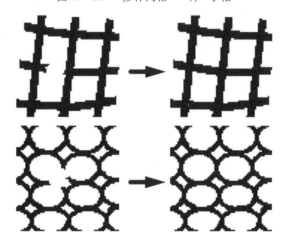

图 6-22　修补网格-连线

如果测量区域内有较大范围的污点或杂线,就要使用软件中的清扫功能,在软件左侧的工具栏中,单击"Clean"按钮对整个画面进行清扫,得到图 6-25 所示的干净图像。

⑤映射网格。在软件左侧的工具栏中,单击"Map"按钮,如图 6-26 所示,系统将自动把所有合格的网格映射出来,并显示在屏幕上。如果网格没有映射出来,则需要重复前面的步骤,直到合格的网格显示出来。

⑥识别网格。在软件左侧的工具栏中,单击"Identify Grid"按钮,把上一步映射出的合格网格识别出来,并全部显示出来,如图 6-27 所示。

⑦将另一个角度的零件照片导入应变分析软件中并重复前面的步骤,得到另一角度被识别出网格的图像,如图 6-28 所示。

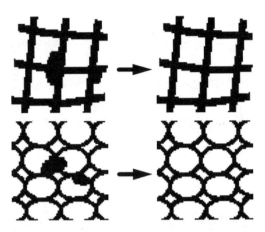

图 6-23　修补网格-擦除污迹

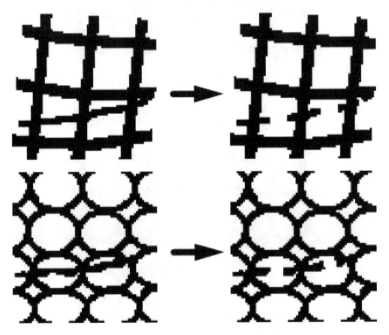

图 6-24　修补网格-去掉杂线

⑧ 合成图像。在前面两张已识别好网格的图像中，分别选取同一个位置的网格，如图 6-29 所示，图中选取的是图像的中间位置，一定要在两张图片同一个物理位置上。在软件左侧的工具栏中，单击"Measure"按钮，如图 6-30 所示，如果选取的是同一位置，系统会将这两张图片的网格合成为一幅所选测量区域的三维图像，至此软件处理步骤完成。

(5) 数据分析。

通过上述步骤，得到了一个完整的测量区域的三维网格图像后，系统就可以显示出多个方向上的应变分布云图和速度场等材料变形信息。图 6-31 显示的是最大主应变云图，可以显示的应变测量结果包括最大主应变、最小主应变、安全应变、厚度方向应变、等

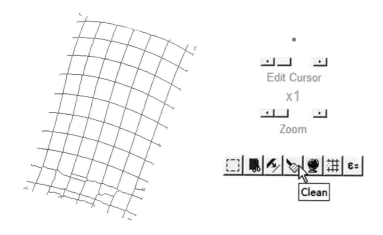

图 6-25 修补网格-清扫后的图像

图 6-26 映射网格

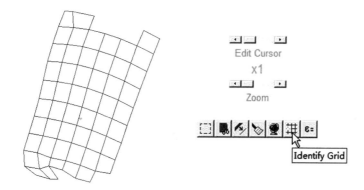

图 6-27 识别网格

效应变等,如图 6-32 所示。然后根据这些应变测量结果,就可以对零件成形过程中材料的流动进行深入的分析和研究缺陷形成的机制,得出相应的分析报告,至此一个零件应变分析的完整测量过程全部完成。

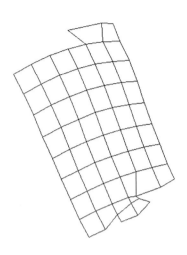

图 6-28 识别出另一种图像的网格

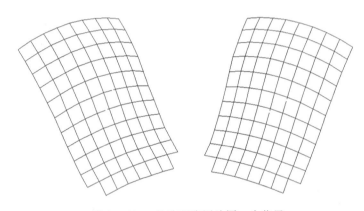

图 6-29 选取两张图片同一个位置

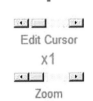

图 6-30 合成图像的按钮

需要指出的是,在 FLD 安全应变云图中,可以事先读取所测材料的 FLD 数据,从而直接显示所测零件各点在 FLD 上的位置,迅速地判断成形结果是起皱、合格还是开裂,如图 6-33 所示。根据塑性力学知识可知,图中两条线之上为开裂区,两条线之间为临界区,两条线之下为安全区。

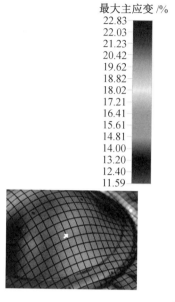
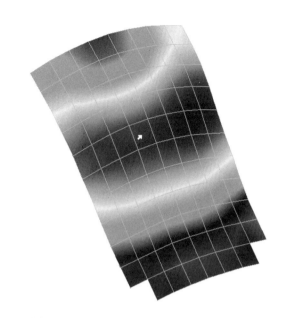

图 6－31　最大主应变云图

Major Strain	M
Minor Strain	N
FLD (Safety Strain)	shift+F
Section Plot	shift+S
Direction	shift+D
Thickness Strain	T
Effective Strain	E
Lighted	shift+L
Blank	B
Photograph	shift+P
New Preset...	
Edit Presets...	
Open Presets...	
Save Presets...	

图 6－32　可以显示的应变云图

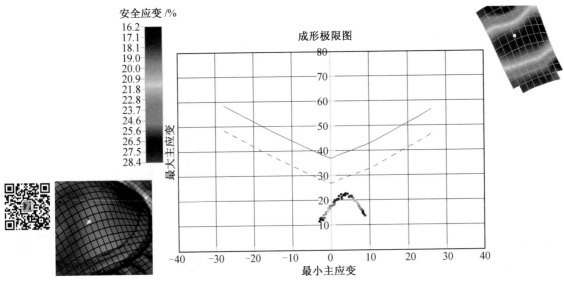

图 6-33　FLD 安全应变云图

附录　变径管内高压成形的应变分析

1. 变径管内高压成形工艺过程

内高压成形又称管材液压成形,由于成形使用的压力较高,所以称为内高压成形。变径管是指管件中间一处或几处的管径或周长大于两端管径或周长,其主要的几何特征是管件直径或周长沿着轴线变化、轴线为直线或弯曲程度很小的二维曲线。

变径管内高压成形工艺过程可以分为三个阶段,如附图 1 所示。充填阶段,如附图 1(a) 所示,将管材放在下模内,然后闭合上模,使管材内充满液体,并排出气体,将管的两端用水平冲头密封。成形阶段,如附图 1(b) 所示,对管内液体加压胀形的同时,两端的冲头按照设定的加载曲线向内推进补料,在内压和轴向补料的联合作用下使管材基本贴靠模具,这时除了过渡区圆角以外的大部分区域已经成形。整形阶段,如附图 1(c) 所示,提高压力使过渡区圆角完全贴靠模具而成形为所需的工件,这一阶段基本没有补料。

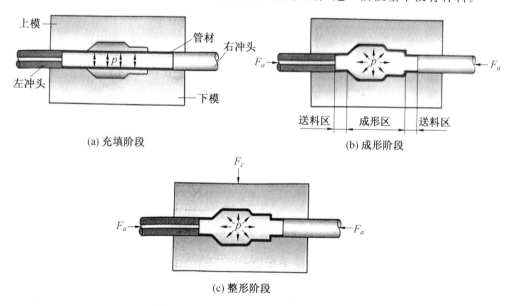

附图 1　变径管件内高压成形工艺过程

2. 变径管内高压成形应力应变状态

若假设管材为薄壁管,忽略作用在管材内壁上的内压 p,只考虑管材的轴向应力 σ_z 和环向应力 σ_θ。则可认为管材处于平面应力状态。由 Miss 屈服准则,可以得到变径管内高压成形的屈服条件为 $\sigma_\theta^2 - \sigma_\theta \sigma_z + \sigma_z^2 = \sigma_s^2$。在变形过程中,某一时刻管材上不同点和同一点在不同时刻的应力状态都将有很大差别,而所有可能的应力状态应位于附图 2 所示的平面应力屈服椭圆（屈服轨迹）上从 A 点到 B 点直至 C 点的曲线上。

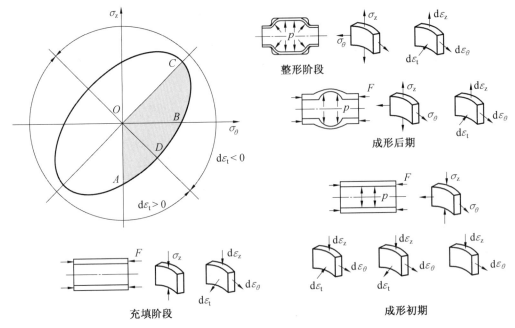

附图 2　变径管内高压成形应力状态在屈服轨迹上的位置

变径管内高压成形过程中管材可分为送料区和成形区，在送料区和成形区之间还存在一个过渡区。根据管材的受力情况或加载形式，内高压成形过程分三个阶段：① 初始充填阶段；② 成形阶段；③ 整形阶段。管材不同区域在不同阶段的应变状态和变形情况也各不相同。

2. 初始填充阶段

在此阶段，两端冲头向模具型腔移动并与管端接触而实现密封。管内充满液体，但压力较小，冲头对管端作用有一定的轴向推力以实现密封。此时，可认为整个管材都处于单向轴向受压的应力状态（即位于附图 2 中的 A 点），对应的应变状态为轴向压缩、环向伸长和厚度增加，但变形量都很小，如附图 3 所示。在此阶段，如果管材长度较长，当轴向压应力过大时，管材会产生整体屈曲缺陷。

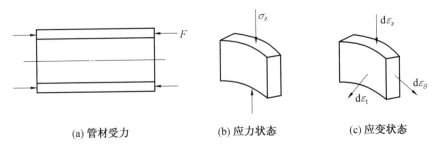

(a) 管材受力　　(b) 应力状态　　(c) 应变状态

附图 3　初始填充阶段的应力应变

3. 成形阶段

在成形阶段,送料区和成形区的受力及应变状态均不同。送料区的应力和应变状态如附图 4 所示,对应于屈服椭圆上的 A 点。对于送料区管材,虽然受到内部液体压力的作用,但管材与模具的接触应力 σ_N 基本等于内压 p,环向应力等于零,送料区仅存在轴向应力。又由于受到模具的约束,环向应变也为零,因此送料区处于平面应变状态。考虑到轴向应变为压应变,根据体积不变条件,厚向应变为正,因此送料区必然增厚。但由于管材与模具之间的摩擦作用,轴向应力的绝对值从管端向内逐渐减少,所以管端处的增厚最为严重。

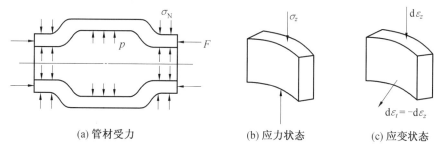

(a) 管材受力　　　　(b) 应力状态　　　　(c) 应变状态

附图 4　送料区的应力与应变状态

成形区的应力状态在成形初期和后期有所不同。在成形初期,管材还保持平直的状态,成形区的应力状态如附图 5 所示。管材应力状态为环向受拉、轴向受压的一拉一压状态,即位于屈服轨迹中 A 点和 B 点之间,但应变状态与环向应力和轴向应力的数值大小有关。如附图 6 所示,当 $\sigma_\theta < |\sigma_z|$,即位于附图 2 中屈服椭圆的 B 点和 D 点之间时,由塑性本构方程 $d\varepsilon_t = -(d\varepsilon_i/2\sigma_i)(\sigma_\theta - \sigma_z)$,有 $d\varepsilon_t < 0$,壁厚减薄;当 $\sigma_\theta > |\sigma_z|$,即位于屈服椭圆的 D 点和 A 点之间时,有 $d\varepsilon_t > 0$,壁厚增加;当 $\sigma_\theta = |\sigma_z|$;位于屈服轨迹的 D 点时,此时有 $d\varepsilon_\theta = -d\varepsilon_z$,$d\varepsilon_t = 0$,壁厚不变,管材处于平面应变状态。

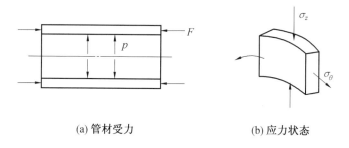

(a) 管材受力　　　　(b) 应力状态

附图 5　初期成形区的应力状态

随着变形的继续进行,成形区管材不再保持平直状态,而将发生向外凸起的变形。此时,该区的管材处于双向拉应力状态,如附图 7 所示,在附图 2 屈服椭圆中表现为从 B 点向 C 点移动。在此阶段,$\sigma_\theta > 0$,$\sigma_z > 0$,且一般情况下 $\sigma_\theta > \sigma_z$,因此环向和轴向总是伸长变形,厚向总是减薄,减薄的程度取决于轴向应力与环向应力数值的大小。需要指出的是,

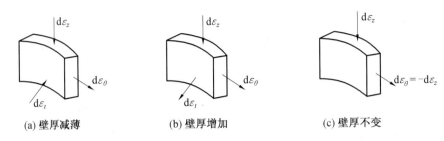

附图 6　初期成形区的应变状态

环向拉应力 σ_θ 与轴向拉应力 σ_z 的相对比值还与变形区的相对长度有关。

在成形阶段还有一种特殊的情况，管材只受内压作用而没有轴向补料，即自由胀形。在自由胀形的初期管材保持直管状态时，管材只受内压作用引起的环向应力，轴向应力 $\sigma_z=0$，处于屈服轨迹曲线上的 B 点，应力和应变状态如附图 8 所示。随着内压的增加，成形区管材将发生向外凸起的变形，这时的应力和应变状态与附图 7 所示的状态相同，处于屈服轨迹曲线上的 C 点附近。处在这种双向拉伸的应力状态，管材容易发生开裂，这也是自由胀形的极限膨胀率低于内高压成形的主要原因。

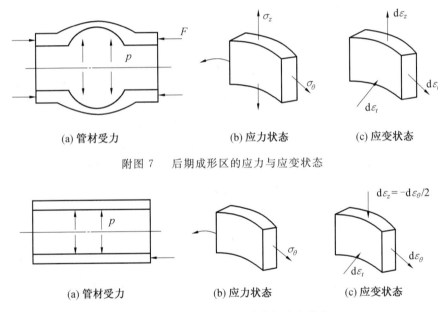

附图 7　后期成形区的应力与应变状态

附图 8　自由胀形初期的应力与应变状态

4. 整形阶段

在整形阶段，成形区管材绝大部分已与模具接触，只有送料区与成形区的过渡圆角局部区域尚未完全与模具贴合。整形就是要通过增加成形压力来使过渡圆角逐渐贴靠模具，达到所要求的圆角。此时过渡区圆角的受力相当于内压作用下的圆环壳，应力状态如附图 9 所示，在环向和切向都发生拉伸变形，壁厚减薄，在屈服轨迹曲线上位于 B 点和 C 点之间。

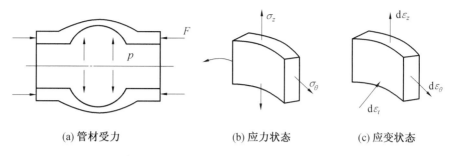

(a) 管材受力　　　　(b) 应力状态　　　　(c) 应变状态

附图 9　过渡区圆角的应力与应变状态

5. "Y"形三通管的应变状态

"Y"形三通管的形状是非对称的,它的内高压成形难度要大于"T"形三通管,"Y"形三通管内高压成形过程的应力状态,如附图 10 所示。在"Y"形三通管上选取三个典型点,它们的位置分别为左侧过渡区圆角处、支管顶点处、主管侧壁中点处。

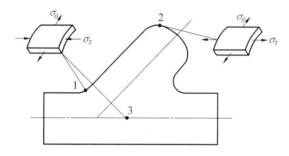

附图 10　Y形三通管典型点及应力状态

过渡区圆角处在成形过程中为一拉一压应力状态;支管顶点处为双拉应力状态;主管侧壁中点处为一拉一压应力状态。相应的应变状态如附图 11 所示。在主管增厚区轴向为压缩变形,环向为伸长变形;在支管减薄区为双向拉伸变形;在厚度不变线上为平面应变状态。当过渡区及主管侧壁中部区域轴向压应力较大时,会造成这部分区域的内凹,严重时发生起皱;而支管顶部区域始终处于双向拉应力状态,应变也始终为双向伸长变形,当壁厚过度减薄时,支管顶部将产生破裂。

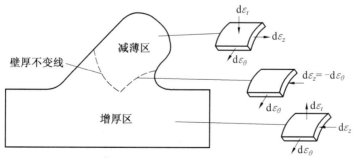

附图 11　Y形三通管应变状态

参考文献

[1] 王仲仁,胡卫龙,胡蓝.屈服准则与塑性应力－应变关系理论及应用[M].北京:高等教育出版社,2014.

[2] 刘祖岩,孙宇.材料变形力学基础及有限元原理和软件使用[M].哈尔滨:哈尔滨工业大学出版社,2021.

[3] 李尧.金属塑性成形原理[M].北京:机械工业出版社,2004.

[4] 余同希,薛璞.工程塑性力学[M].2版.北京:高等教育出版社,2010.

[5] REINER K,HERBERT W.金属塑性成形导论[M].康永林,洪慧平,译.北京:高等教育出版社,2010.

[6] 熊诗波,黄长艺.机械工程测试技术基础[M].4版.北京:机械工业出版社,2018.

[7] 贾民平,张洪亭.测试技术[M].3版.北京:高等教育出版社,2016.

[8] 王仲仁.塑性加工力学基础[M].北京:国防工业出版社,1989.

[9] 汪大年.金属塑性成形原理[M].2版.北京:机械工业出版社,1986.

[10] 王仲仁,苑世剑,胡连喜.弹性与塑性力学基础[M].哈尔滨:哈尔滨工业大学出版社,1997.

[11] 苑世剑.现代液压成形技术[M].2版.北京:国防工业出版社,2016

[12] 刘祖岩,李达人,孙宇.材料变形力学[M].哈尔滨:哈尔滨工业大学出版社,2017.

[13] 苑世剑,张吉,何祝斌,等.用嵌入螺柱法测量金属体内塑性应变分布[J].金属学报,2007,43(4):363－366.

[14] 陈银莉,余伟,黄秀声.数字图像处理技术进行方形网格应变测量[J].塑性工程学报,2009,16(3):182－186.

[15] 梁炳文,陈孝戴,王志恒.板金成形性能[M].北京:机械工业出版社,1999.

[16] 李峰.盘类件模锻过程金属变形模式及流动规律研究[D].哈尔滨:哈尔滨工业大学,2007.

[17] 陈保国.DP590双相钢板材预胀充液拉深成形研究[D].哈尔滨:哈尔滨工业大学,2011.

[18] 冯苏乐.5A06铝合金非对称件双向加压拉深成形研究[D].哈尔滨:哈尔滨工业大学,2011.

[19] 徐照.5A06铝合金筒形件双向加压拉深成形研究[D].哈尔滨:哈尔滨工业大学,2010.

[20] 姜超超.2A12铝合金双曲率壳液压成形变形均匀性研究[D].哈尔滨:哈尔滨工业

大学硕士学位论文,2015.

[21] 张晋锋.5A06 铝合金锥底筒形件双面加压液力成形研究[D].哈尔滨:哈尔滨工业大学,2013.

[22] 苑世剑,李峰,何祝斌.二维塑性变形中应变分布测量的新方法[J].应用基础与工程科学学报,2008,16(1):103－109.

[23] 李峰,何祝斌,苑世剑.模锻成形过程中金属变形流动的测试方法[J].中国有色金属学报,2007,17(6):885－889.

[24] 林忠钦,黄庆学,苑世剑,等.中国塑性成形技术和装备30年的重大突破与进展[J].塑性工程学报,2024,31(4):2－45.

[25] 刘祖岩,王尔德,王仲仁.等径侧向挤压应变分析[J].材料科学与工艺,1998,6(2):21－23.

[26] 陈银莉,余伟,黄秀生.数字图像处理在网格法测量应变中的应用[J].物理测试,2008,26(1):33－36.

[27] 王仲仁,何祝斌.塑性成型理论与实践中的创新:王仲仁文选[M].北京:科学出版社,2007.

[28] 王仲仁,苑世剑,胡连喜,等.弹性与塑性力学基础[M].2版.哈尔滨:哈尔滨工业大学出版社,2004.

[29] 杨玉英.大型薄板成形技术[M].北京:国防工业出版社,1996.

[30] 吕炎.锻压成形理论与工艺[M].北京:机械工业出版社,1991.

[31] 冯其波.光学测量技术与应用[M].北京:清华大学出版社,2008

[32] 孙长库,胡晓东.精密测量理论与技术基础[M].北京:机械工业出版社,2015